酿酒高粱科学种植

实用技术问答

朱建忠◎主编

U0254916

四川科学技术出版社

图书在版编目（CIP）数据

酿酒高粱科学种植实用技术问答 / 朱建忠主编.
-- 成都：四川科学技术出版社，2023.6（2025.2重印）
ISBN 978-7-5727-0834-3

Ⅰ.①酿… Ⅱ.①朱… Ⅲ.①高粱 – 栽培技术 – 问题解答 Ⅳ.①S514-44

中国国家版本馆CIP数据核字（2023）第016973号

酿酒高粱科学种植实用技术问答

主　　编　朱建忠

出 品 人　程佳月
责任编辑　张　蓉　张　琪
营销编辑　鄢孟君　刘　宇
封面设计　墨创文化
责任出版　欧晓春
出版发行　四川科学技术出版社
　　　　　成都市锦江区三色路238号　邮政编码　610023
　　　　　官方微博 http://weibo.com/sckjcbs
　　　　　官方微信公众号 sckjcbs
　　　　　传真 028-86361756
成品尺寸　146 mm×210 mm
印　　张　3　　　字　　数 60千
印　　刷　四川华龙印务有限公司
版　　次　2023年6月第1版
印　　次　2025年2月第2次印刷
定　　价　18.00元
ISBN 978-7-5727-0834-3
邮购：成都市锦江区三色路238号新华之星A座25层　邮政编码：610023
电话：028-86361770

编 委 会

作者简介

朱建忠，男，籍贯江苏，1962 年 11 月生，中共党员。四川农学院（现"四川农业大学"）农学专业毕业、学士学位。先后在泸州市种子站、泸州市种子质量监督检验站、泸州农业质量检测中心、泸州市粮油作物站、泸州粮油与种子站、泸州市现代农业发展促进中心粮油生产科工作，任助理农艺师、农艺师、高级农艺师、农业技术推广研究员等职务；系叙永县水潦彝族乡海涯村驻村农技员，中国人民政治协商会议泸州市第五届委员会委员，中国共产党四川省第十一次党代会代表，泸州市决策咨询委员会第二届、第三届委员。现任泸州市农村专业技术协会联合会理事长、重庆市江津区科技特派员、合江县科技特派员。

近 40 年来一直在农业生产一线从事农业科技成果转化和农业技术推广工作。先后承担并完成省部级、市级农业科技项目（课题）研究 30 余项，获得省部级、市级科技成果奖 12 项；在《杂交水稻》《种子》等刊物发表论文 90 篇，率先在种子行业提出商品种子质量缺陷及其侵权损害赔偿理论、建立农作物种子标签标识制度与依法规范制作理论、建立农作物种子报审品种标准样品库制度的观点等。主编《籼型"三系"杂交水稻种子田间检验规程》等 8 个四川省地方标准、《酿酒专用高粱生产技术规程》等

3个四川省（区域性）地方标准；主编《酿酒高粱科学种植实用技术问答》培训手册等。两次获得全国种子检验先进工作者（个人）表彰，是泸州市第二届、第八届学术与技术带头人；两次获得泸州市专业技术拔尖人才荣誉称号。获四川省第五届优秀科技工作者、全省粮食生产先进个人、全国粮食生产突出贡献农业科技人员表彰；2016年获全国"五一"劳动奖章，2020年获全国先进工作者表彰。

序

　　高粱是禾本科一年生草本植物，主要有食用高粱（酿酒）、糖用高粱和帚用高粱。清《三农纪》曰："粱乃劲禾也，喜风雨。蜀多山，山多风雨，故以宜种之地种之，曰蜀黍。"

　　高粱在四川泸州种植历史悠久，是四川白酒产业发展最重要的基础。高粱作为白酒固态发酵原料，是四川白酒品质的重要保证之一。泸州糯红高粱已获得国家地理原产地标志产品认证。

　　近年来，四川省委、省人民政府以及泸州市委、市人民政府将酿酒高粱种植基地建设作为推动万亿级食品产业和千亿级白酒产业高质量发展的战略目标之一，加大了投入和支持力度，全省高粱生产得到快速发展。目前，泸州市高粱种植面积和总产量在全省均位居第一。

　　在推动泸州酿酒高粱生产高质量发展的过程中，泸州市广大农业科技人员深入生产一线、田间地头，大搞"大培训、大示范、大创建"，形成了推动酿酒高粱生产高质量发展的强大合力，实现了酿酒高粱单位面积产量持续提高、总产量持续增加、面积稳步增长的阶段性发展目标，开创了推动酿酒高粱生产高质量发展的新局面。同时，广大农业科技人员在生产实践中也积累了丰富的成果和经验，为酿酒高粱生产高质量发展提供了强大的技术支撑。

　　《酿酒高粱科学种植实用技术问答》是泸州市现代农业发展

促进中心农业技术推广研究员朱建忠以及省、市、县农业科研、农业技术推广部门诸多技术人员，集成酿酒高粱高产高效栽培技术示范推广成果，对多年在高粱生产过程中发现并解决的问题、总结的经验，编写的一本融理论和实践于一体的高粱种植农业技术书籍。内容涉及酿酒高粱品种、栽培技术、病虫害防治、农业保险支持政策等。本书图文并茂，文字浅显易懂，彩色图片典型、准确，附以直观解答酿酒高粱种植农户在生产过程中遇到的问题，针对性、可操作性强，可作为四川省酿酒高粱生产地区农户及基层农技人员指导高粱生产、开展技术培训的教材。

2021年，《酿酒高粱科学种植实用技术问答》一书得到泸州市科学技术协会认可，并印制、发放给泸州市高粱种植基地乡镇部分农户和基层农技人员，以及省内20多个高粱基地建设重点县（区）、重庆市江津区农技推广部门等，受到欢迎和好评。在泸州市科学技术和人才工作局的支持下，获泸州市农业重点研发科技项目立项资助，本书得以公开出版。本次出版对部分内容做了修改或增删。

目　录

一、品种篇

1. 目前酿酒糯高粱生产可以选择的品种有哪些？

答：目前酿酒糯高粱生产可以选择的品种主要有常规糯高粱品种和杂交糯高粱品种。常规糯高粱品种有：青壳子洋高粱、国窖红1号、泸州红1号、红缨子、郎糯红19号等。杂交糯高粱品种有：机糯粱1号、金糯粱1号、金糯粱2号、川糯粱等。

2. 常规糯高粱品种和杂交糯高粱品种有哪些特点？

答：从总体上看，一是两类高粱单产水平不同。杂交糯高粱单产水平高于常规糯高粱，在正常年景条件下，杂交糯高粱单产在400千克左右，高产的可达500千克以上。常规糯高粱单产一般在250千克左右，高产地块可达300多千克。二是杂交糯高粱株高较矮（1.5～1.8米）、秆粗，抽穗后穗子直立，适宜密植；常规糯高粱品种株高较高（一般超过2米），抽穗、扬花后，因籽粒灌浆穗轴弯曲导致高粱穗子下垂，遇风、雨等不利气候条件就容易发生倒伏。在高产种植条件下，杂交糯高粱净作种植密度要求不低于8 000株/亩*，常规糯高粱净作种植密度一般不低于6 000株/亩。三是品种抗性上的差异。高粱生产过程中病虫害较多，比较而言，杂交糯高粱品种对叶病的抗性略好于常规糯高粱

---

*1亩 ≈ 666.67平方米。

品种。杂交糯高粱穗子直立、密实，易受虫蛀食，而常规高粱品种穗子松散，穗子上的虫卵易受雨水冲刷，所以穗子虫蛀、咬食危害相对较轻。四是需肥特点的差异。杂交糯高粱品种种植密度大，生产水平高，需肥量相对于常规糯高粱品种要大一些。

3. 高粱品种选用需要注意哪些问题？

答：由于高粱的用途较为单一，高粱品种选用上主要是根据农户的生产意愿做选择，也可以根据酿酒企业的订单选择品种。在品种选择上重点要注意以下几点：一是如果作为酒厂订单种植，要尊重酒厂的意愿和需求确定种植品种。如泸州老窖有机原粮生产基地确定的品种是国窖红1号，茅台酒厂基地确定的品种是红缨子，郎酒厂确定的品种是郎糯红19号。二是农户如果是零散种植，则要考虑当地的生产水平、地力条件和种植制度以及种植习惯等。三是注意选择经过审定或认定的品种，不使用未经审定（认定）的品种或者未在本地试种过的品种。四是在正规的种子经销商处购买种子，并索要购种凭据。

4. 高粱的合格种子有哪几项质量指标？

答：国家对合格的高粱种子有质量标准规定。合格的高粱大田用种的质量标准是：芽率 ≥ 75%、水分 ≤ 13.0%、净度 ≥ 98.0%、纯度 ≥ 99.0%。

5. 常规高粱品种为什么会退化？

答：高粱穗为圆锥花序。高粱抽穗后 2 ~ 3 天开始开花，也有边抽穗边开花的品种。高粱开花顺序自上而下。一般单株开花需6～9天，以第2～5天为盛花期。常规高粱品种退化主要有以下原因。

一是生物学混杂，这是高粱品种混杂退化的主要原因之一。高粱是常异花授粉作物，开花后于颖壳外进行授粉，开花时间较长，天然杂交率较高。相邻种植的不同品种，如果花期一致，天然杂交率最高可达50%。现有研究表明，天然杂交率与品种、穗型及环境条件有关。一般散穗型品种比紧穗型品种天然杂交率高，多风天气天然杂交率高。二是机械混杂，即在高粱的收获、储藏、运输等过程中混入其他品种的种子。三是不良环境条件的影响，以及耕作栽培管理粗放、肥水不足，种性得不到发挥和保持，也可能造成品种退化。四是病虫危害，尤其是病毒病感染，也会造成退化。对常规高粱品种而言，农户在选种留种过程中，不正确的选择也可能造成品种混杂、退化。

6. 农户种植的常规高粱品种有抽穗不整齐现象，是什么原因？

答：农户种植的常规高粱抽穗不整齐，可能是品种原因和栽培原因所造成的。品种原因可能是同一个品种种植多年，有混杂、退化造成抽穗不整齐。栽培上的原因，可能有土壤施肥或土壤肥力不均匀，造成植株长势不整齐；或者是育苗移栽的时间先后不一、移栽幼苗的持续时间较长，有大小苗现象，加之后期田间肥水管理、病虫害防治等没有及时跟上，导致植株出现长势不整齐、抽穗时间不一致等。

二、栽培技术

1. 高粱的种植方式有哪些?

答：高粱的种植方式有净作（单作）、间作和套作。

净作是指在同一块土地上，在一个生产季节里，种植同一种作物的种植方式。

间作是指在同一块土地上，在一个生产季节的统一生长期内，分行或分带相间种植两种或两种以上作物的种植方式。

套作是指在同一块土地上，在前季作物生长后期的株行间播种或移栽后季作物的种植方式（见图1~图2）。套作与间作最明显的区别是其作物的共生期长短不同，前者共生期短，后者共生期长。

图1 高粱分厢宽窄行带状种植

图2 小麦预留行套种高粱

2. 高粱的播种、育苗方式有哪些?

答:高粱的播种方式有开厢直播、条播、垄播。在四川,主要有育苗移栽、直播两种方式。育苗移栽主要有制作苗床育苗、漂浮育苗两种方式。制作苗床育苗则根据播种时间等分为盖膜和不盖膜的撒播两种方式。

撒播育苗方式,是指将高粱种子直接播种在苗床的育苗方法(见图3)。泸州地区早春季节气温变化比较大,在播种后易遭遇强低温、倒春寒,早期播种的高粱幼芽或小苗易被冻死,或因气温低不能发芽。同时,在高粱播种及小苗期,常有田鼠与雀鸟危害,导致高粱苗成活率低,种子消耗量大。

地膜覆盖育苗方式,是指将高粱种子播种在苗床后,在苗床上加盖地膜保温保湿的育苗方法(见图4)。地膜覆盖育苗保湿保温效果好,可极大减少田鼠与雀鸟危害。但由于高粱是忌氯作物,苗床地不能喷洒除草剂,高粱苗出苗后常因苗床管理不及时或不到位,在揭膜后,杂草与高粱幼苗争养分,常常是高粱苗比杂草长得更弱、更纤细。

方块育苗方式，是指将高粱种子播种在特定规格的塑料秧盘上并加盖地膜的育苗方法。主要缺点是因塑料秧盘与土壤基本隔绝，虽然在秧盘底部留有小孔，但高粱种子籽粒小、吸水慢、出苗时间长，对苗床管理要求较高，且幼苗在成活后，幼苗根系生长困难，苗黄、瘦弱，不太利于培育壮苗。

图 3　高粱撒播育苗

图 4　高粱播种盖土后搭架

3. 高粱育苗移栽方法中，制作苗床地的方式有哪些要求？

答：制作高粱育苗移栽的育苗苗床，一是就地取材，利用菜园地等制作苗床；二是利用塑料方格盘作育苗床或用塑料钵育苗。用方格法和塑料钵育苗成本略高，要注意及时回收塑料制品。

4. 制作高粱育苗苗床地的具体做法有哪些？

答：一是要选择背风、向阳、土质肥力中上的沙壤土、利于苗期管理的蔬菜地制作苗床。二是根据播种时间，播种前提早1 ~ 2 天深翻土壤20 ~ 30 厘米；将土块锄细碎，整平土地，四周开好厢沟，一般开厢1.5 米左右，厢面宽1.1 ~ 1.2 米，厢沟宽0.2 ~ 0.3 米，保持厢面中部略高于厢两侧，使整个厢面呈"弓背"形。三是在翻地的同时施入底肥，混匀、深翻入土，耙平整细；也可以采用沟施的方法；也可以按照一平方丈（约10.9 平方米）苗床地撒草木灰0.1 千克，用一桶水粪（20 千克左右）+ 磷肥0.1 千克泼施苗床的方法。四是在播种前苗床要浇足底水，保持足墒。五是在播种前用80% 敌克松1 000 倍稀释液喷施在苗床地上做消毒。六是播种后用营养土均匀覆盖种子。七是如果采用地膜覆盖的，要提早制好竹片搭制拱膜，拱膜四周用土块压实保温。

5. 什么是高粱漂浮育苗方法？

答：漂浮育苗方法是指利用专门的泡沫漂浮盘，将其放入一个专门制作的、用于盛装已经配制好营养液体的水池，再将配制好的营养土均匀放入漂浮盘里，将种子置于漂浮盘中的孔穴后盖土，再将漂浮盘放入水池中，使高粱种子发芽、培育高粱苗的一种育苗方法（见图5~图7）。

图5　高粱漂浮育苗幼苗长势

图6　高粱漂浮育苗幼苗根系

图7　高粱漂浮育苗幼苗长势（局部）

6. 高粱漂浮育苗的主要做法有哪几个关键环节?

答：一是保温棚的制作与大小。建棚的作用主要是为了保湿控温，促进种子萌发、出苗。建棚的大小应根据需要移栽的高粱种植面积、种植密度测算的秧苗需求数量和当地地形、资金等情况而定。通常大、中棚长度 20 ~ 40 米，宽度 10 米，高度 2.5 米；小拱棚长度 2 ~ 5 米，宽度 1.1 米，高度 0.6 ~ 0.8 米。棚如果过于长、宽，不便选择田块和棚内育苗管理与控温、控湿的效果。一个大棚的造价通常比较高（4 000 ~ 8 000 元），也可以根据需要制作小拱棚，以节约投资。大棚主要用于高粱秧苗需求数量大的种植基地集中育苗，小棚则用于种植面积相对较小的种植大户或一些合作育苗的农户。育苗棚除了可培育高粱苗外，亦可育蔬菜、烤烟、花卉、中药材以及其他粮食作物、经济作物、观赏作物等作物苗，以降低育苗成本投入。

棚架的材料可选择各种可弯折的管材或竹木，棚膜选用聚氯乙烯无滴膜（厚度 0.1 ± 0.02 毫米）；建棚规格根据种植面积和种植密度、秧苗需求数量而定。通常大、中棚高度 2.5 米，棚两端设固定门，既方便进出管理，又可通风换气。棚两侧要预留通风孔，或可卷起降温散热，可卷起的棚要预留纱网，以防田鼠、雀鸟和牲畜危害。

二是选用育苗盘。育苗盘须选用耐腐蚀、耐水泡、质地轻、可以漂浮在水面、有一定强度的聚乙苯乙烯泡沫塑料盘（系工厂化生产的制成品），以保证在置入基质、水分和高粱种后仍能漂浮在水面，且可重复使用，以节约成本。育苗盘规格每盘孔穴一般为 160 ～ 200 孔。

播种前应对育苗盘作消毒处理；营养池中注入清水后也应作消毒处理，以防水池生青苔。

三是制作育苗池。育苗池不宜过宽，宽度以横放 4 盘或竖放 6 盘为宜，以保证将盘放入育苗池后，在池两边能观察、操作、管理；长度可根据育苗棚大小而定。育苗盘放入池后，相互间不应有太大空隙，以防止育苗盘在池内随意漂荡，不利于管理和育苗。同时应在池两边留足人行通道，方便行走观察、管理。

育苗池可用砖砌，或用厚木板制成木柜或边框，池深 15 厘米。池底应整理平整，为防虫害，可以在池底和内壁撒石灰、喷杀虫剂。在池内铺 2 ～ 3 层聚氯乙烯薄膜 (厚度 0.1 ± 0.02 毫米)，把膜边压实，注入清水，深度 5 ～ 6 厘米，置入育苗盘后应保持盘底最低吃水深度 1 厘米，盘面不高于池边。注水后应检查是否漏水，如有漏水应及时放水补膜。

四是选择适宜的营养配方与育苗基质。据研究报道，高粱生长苗期对氮、磷、钾的需求比例为 13.4∶12.0∶20.0，因此配制营养液，养分比例通常以此为基础略作调整，选择每平方米用 50 克 N∶P∶K=15∶15∶15 的复合肥。

育苗基质的主要作用是保持高粱种子籽粒着床后吸水并迅速萌发，根系生长和吸收养分，促进幼苗生长等。因此，基质的选择或配制是影响漂浮育苗质量的关键环节之一。基质的选择或配制的方法较多，但须考虑以下几点因素：一是高粱种子萌发和苗期生长的生理特性；二是生产中的适应性和可操作性；三是成本投入与控制。

目前在生产中主要采用以下几种方法：一是购买专业配制好的育苗基质。二是用腐熟有机肥、地皮灰各 30% 和细肥土 40% 自行配制营养土，每 100 千克用"升氏"（主要成分为氟硅唑 + 多菌灵）100 克与营养土和匀堆放待用。三是用腐秆灵或磷肥加适量的水与粉碎后的秸秆、谷壳等附属物混合，地膜盖好腐熟，播种前 10 天左右将堆放的腐熟附属物筛好，每 100 千克用"升氏"100 克混匀堆放待用。

五是种子装盘播种。播种前将精选种子浸泡 12 小时后滤干，把配制好的育苗基质洒水湿润，以手握成团，松手即散为宜。初次填装不宜过紧，以自然填实、不漏空为准，每穴播 2 ~ 3 粒种，播完一盘后均匀撒上基质覆盖，保证每一粒种子都不裸露在外，轻压盘面以使其平整。双手托盘轻轻平放入营养池，避免基质倾斜或叠加，造成盘内种子吸水不匀，影响种子的出苗整齐度。也可以按照漂浮盘规格大小，制作专用塑料盘，在塑料盘上比对漂浮盘孔穴位置打孔，然后将高粱种子摊放在塑料盘上，用双手轻抖塑料盘，使种子沿塑料盘上的孔穴落入漂浮盘上的孔穴中，这样可大大提高种子的播种装盘效率。

7. 高粱漂浮育苗苗期管理有哪些注意事项？

答：一是温度。高粱种子发芽的最低温度为 6 ~ 7℃，最适宜温度为 20 ~ 30℃，在最适宜温度内，种子吸水快、酶活性强、贮藏养分分解快，种子发芽、出苗速度也快。苗期棚内温度管理尤其重要。在每天上午 10 点和下午 1 点、下午 4 点由专人负责观察棚内温度。温度在 20 ~ 28℃之间利于高粱苗的出苗和生长；棚内温度不能超过 35℃；当温度超过 28℃时，要立即打开两侧通风孔和两端固定门通风降温，防止高温烧苗；固定门应用纱网遮挡，避免打开门后雀鸟和牲畜进入。下午 4 点后气温降低时，要及时关闭两侧通风孔和两端固定门保温。

二是注意防治虫害。注意观察有无地下害虫活动，发现后及时施药，并掌握好药剂浓度。重点喷施营养池边埂。

三是及时间苗。出苗后长到 2 叶 1 心时及时间苗，每孔只留 2 苗。

四是选择晴好天气炼苗。高粱苗生长到 4 ~ 5 叶时即可移栽。移栽前一周要循序渐进打开两端及两侧薄膜，移栽前 1 ~ 2 天断水断肥，揭膜炼苗，以提高高粱苗的抗逆性和移栽成活率。炼苗时要注意，中午高粱苗会轻度萎蔫，以早晚自然恢复为宜，移栽前应喷施 1 次杀虫农药。

8. 高粱育苗移栽的好处有哪些？

答：一是能调节作物茬口矛盾，根据前作的成熟期，在前作成熟收割前 20 ~ 30 天播种育苗，解决前后作物茬口衔接问题；二是相对缩短品种在大田的生育时期，有利于培育壮苗，实现苗齐、苗壮，提早成熟期；三是可以通过移栽环节实现规范化栽培，有利于获得高产。如果品种生育期较短，则不提倡育苗移栽。

9. 如何确定高粱的播种时间？

答：高粱的播种时间要考虑前作和选用的品种，尤其要考虑前作的收获期、高粱播种方式、育苗期长短等因素。采用育苗移栽的，如果播种时间过早，育苗期过长，苗龄过大，有可能造成高粱在苗床内或移栽后不久就开始穗分化，幼穗发育不良，穗小产量低。

在泸州、宜宾、内江、自贡等川东南沿江河谷和浅丘地区，栽空土的或小春预留行的，可在2月底至3月中下旬播种；种植杂交糯高粱可以蓄留再生高粱的，播种时间可以提早一些，在2月底至3月初播种；采用直播方式的，高粱播种期可在4月中下旬至5月初。

10. 高粱种子播种前做种子处理有什么作用？

答：高粱种子在播种前做种子处理的做法主要有：晒种1~2天；药剂浸（拌）种。有以下好处：一是选择晴好天气晒种，可以杀死种子表皮上的病菌；可以提高种子酶的活性，有利于种子快速发芽和生长健壮。二是用多菌灵或三唑酮拌种，或者用苯甲咪鲜胺2 000倍液浸种2小时，捞出洗净、晾干后再播种。药剂浸种处理可以预防或减少黑穗病、炭疽病等危害。

11. 高粱种子的发芽特点有哪些？

答：高粱种子粒重较小，常规高粱种子千粒重仅有16~18克，杂交糯高粱种子的千粒重略高一些。高粱种子的发芽特点与高粱种子的结构特点紧密相关。

从高粱种子结构来看，高粱籽粒是由子房受精后发育而来的。高粱籽粒是由种皮、糊粉层、胚乳和胚组成。果皮与种皮紧密联结在一起，通常笼统称为种皮，有保护种子的作用。胚乳由角质层和粉质层组成，含有蛋白质、淀粉、脂肪和灰分等，在种子萌发时，它是种胚发育的主要营养来源，占种子重量的80%左右。胚在种子腹部的下端，由盾片、胚芽、下胚轴和胚根四部分组成。种子萌发以后，胚芽逐渐发育成茎、下胚轴形成根茎，胚根发育成种子根。

高粱种子在适宜的温度、湿度条件下开始萌动发芽。胚得到充足的养分和水分后，在一定环境条件下开始萌动，细胞开始分裂、生长。胚根首先突破种皮，形成种子根，而胚芽也突破种皮，在胚芽鞘的保护下露出地面，此时为出苗。

在高粱发芽的时候，高粱胚芽鞘是保护胚芽出土的。高粱种子根茎短，高粱胚芽鞘比水稻、玉米的胚芽鞘要细一些，顶土能力也不及水稻、玉米种子，所以在播种后盖土时，土一定不能盖太厚，否则会造成高粱出土出苗迟缓，不整齐（见图8）。

图 8 高粱育苗种子播种后出苗差

12. 高粱种子播种前浸种催芽的做法与好处有哪些?

答：播种前晒种1～2天后，用40℃温清水浸泡2～3小时，滤去水分后，装入麻袋或可浸水的编织物中，放在竹制箩筐中，四周用谷草覆盖后，或加盖一层湿麻袋闷种10～12小时。当种子刚萌动露白时，即可播种。浸种催芽的好处在于减少种子在苗床上的自然吸水、膨胀发芽的时间，可提早出芽，有利于苗齐。

13. 高粱种子的播种量如何掌握？

答：高粱种子的播种量与播种方式有关。在育苗移栽方式下，育苗地与本田的比例一般是 1 : 10；如果采用漂浮育苗方法，则苗床与本田的比例可以达到 1 : 20，而且，漂浮育苗的高粱苗龄一般在 15 ~ 20 天，在一个播种季节里，一个大棚可以培育 2 ~ 3 批次的幼苗，效率高；常规高粱种子亩用种量在 0.4 千克即可，杂交高粱品种的种子用量略高一些。

采用育苗移栽方法育苗时，苗床播种量可以按照常规高粱种子播种 10 ~ 20 克每平方米、杂交高粱种子播种 15 ~ 25 克每平方米的用量来掌握。如果采用直播方式的，种子用量略多一些。每窝可播种高粱种子 4 ~ 6 粒，一亩种子用量在 1 千克左右。

14. 高粱播种时是否可以用"旱育保姆"壮秧剂做拌种？拌种后播种需要注意什么？

答："旱育保姆"壮秧剂是用在水稻旱育秧上的一种拌种剂，在水稻旱育秧中应用较为普遍，它具有药、肥二重功效，可以防止地下害虫咬食种子，同时为种子发芽提供部分养分，可以促进水稻种子早生、快发，苗齐苗壮。

高粱种子播种的时候可以用"旱育保姆"做拌种，但是要注意以下几点：一是高粱种子要做浸种，浸种后再用"旱育保姆"拌种。二是要注意拌种方法，要避免用手直接接触"旱育保姆"药剂，可以采用木棍等做搅拌工具；搅拌时根据种子和药剂的干湿状况，适当加水，保证种子种皮表面能被药剂均匀包裹。三是拌种后立即播种下地，不要将拌种后的种子搁置太久，以免种子种皮上包裹的药剂失水后变干、脱落，失去拌种的作用。四是播种下地的种子要用细泥土覆盖，否则种子会因没有泥土覆盖而很快失水，导致药剂失水后变干、脱落，失去拌种的作用，而且也容易发生死种现象，发芽出苗率低（见图9）。

图 9　高粱播种后出苗差

15. 高粱育苗的苗床期管理有哪些注意事项？

答：高粱秧苗出土长出 1 片叶子后，用 1 担水粪（40 ~ 50千克）+10 克尿素提苗 1 ~ 2 次，每隔 7 ~ 10 天提苗 1 次；如苗床地土壤晒白、秧苗叶子卷曲萎蔫时应及时浇水，防止秧苗失水影响生长；不干旱，则可以不浇水。

采用盖膜方式育苗的，当幼苗出齐后，要揭膜、通风降温，防止幼苗徒长。苗床温度超过 28 ℃时，中午揭地膜两头通风降温，用网子盖好揭开地膜的两头，防止雀鸟进苗床危害秧苗；下午把两头地膜盖好保温。气温没有稳定前不要把地膜全部揭开，等气温稳定后，移栽前揭膜炼苗。

当幼苗长到 2 ~ 3 叶时，可以匀苗、间苗；过迟匀苗、间苗，容易伤根和争水争肥。

治虫：主要是蚜虫和芒蝇危害。有病虫时应及时防治。

16.高粱撒播育苗，采用贴地膜育苗的要注意哪些问题？

答：在高粱育苗方式上，有些农户因为多种原因，采用贴地盖膜的方法育苗，即把高粱种子撒播在苗床后，直接将地膜紧贴在地面覆盖，不采用搭竹架、起拱膜的方法育苗。此处不提倡农户采用贴地膜的方法培育高粱苗（见图 10 ~ 图 11）。主要原因有以下几点：

图 10　高粱贴地膜育苗

图 11　高粱贴地膜育苗

一是高粱育苗采用搭拱架的方式，有利于在低温天气下保温保墒，在遇较高温度时，便于揭膜炼苗。二是采用贴地膜育苗方式的，苗床大小基本上都是按照田土大小和地形来做的，因泥土高低不一、没有搭架，地膜直接覆盖在地面上，苗床土不平整的地方会形成小的窝凼，时间一长，就会有积水，窝凼中的积水在阳光照射下会烫伤高粱幼芽；而且在高粱种子出苗后，不及时揭膜有可能造成高粱芽烧苗，降低成活率。三是采用贴地膜育苗的，周边压踏地膜边的泥土基本上没有压严实，保温保湿效果差。

17. 高粱采用育苗移栽方法的苗龄时间如何掌握？

答：主要根据前作确定播种、计划移栽的苗龄时间。高粱苗苗龄 30 ~ 35 天或叶龄 4 ~ 5 叶时，即可以移栽。根据前作或土壤的情况，也可以在 6 叶的时候移栽，但要防止栽"滑杆苗"（苗龄大、茎秆纤细、叶片披垂）；生育期长的品种，移栽叶龄可以适当大一些，但是苗龄不宜过长，防止出现苗龄老、穗已经分化、穗子小的现象。

18. 高粱育苗移栽时为什么要选择阴天或傍晚?

答:高粱移栽前,应当提前 2 ~ 3 天在本田施入底肥,开厢或起垄等。高粱起苗时,不可避免要伤根;在起苗到移栽入土的过程中,叶片和暴露在空气中的根系都可能失水,叶片失水多,会造成叶片细胞的功能性伤害,不利于幼苗尽快返青生长;根系移栽入土后,重新恢复生长也需要时间。选择在阴天或傍晚移栽高粱苗,可以最大限度减少高粱叶片、根系的失水,防止叶片、根系萎蔫以及细胞功能受到损害,有利于植株尽快返青成活。

19. 高粱返青生长后,从茎基部长出的分蘖苗需要去掉吗?

答:高粱是禾本科作物,有分蘖特性。高粱茎节上有一较浅的纵沟,内有一个腋芽,通常处在休眠状态。但在肥水条件好、日照充足,或主茎生长发育受阻、受损情况下,高粱茎节上的腋芽也能发育成分枝(见图 12 ~ 图 13)。一般情况下,高粱移栽返青成活后,从根部长出的分蘖都可以与主穗一样生长、抽穗。但是,分蘖穗的穗子比主穗短小,与主穗在同一个穴里生长,会与主穗争抢肥水、光热等。在苗期间苗、定苗的过程中,应把分蘖穗拔除(见图 14)。拔除时,注意不要伤及主穗根或把高粱苗拔断。

图 12（左）、图 13（右）　高粱苗移栽成活后长出分蘖苗

图 14　人工拔除高粱分蘖苗

20. 高粱播种育苗，农户用了养猪场的猪干粪覆盖在高粱种子上面，请问这样做会有利于高粱的出苗和生长吗?

答：在高粱生产上不提倡用猪干粪直接盖种子。用猪干粪直接盖种子后，如遇雨水或吸潮，可能会影响高粱种子发芽。

如果要用养殖场的猪干粪作底肥，可以将猪干粪溶于水后搅拌均匀，泼施在苗床厢面上，先泼施，后播种，接着给种子盖一层薄细沙土，再泼施或喷施清水，最后盖上拱膜即可。作追肥时，如果猪干粪是粪粉状，可加水稀释、搅匀后泼洒、渗在土里；如果是坨状物，则应将其溶于水后浇灌到土壤中。

总之，在高粱育苗过程中，应当根据苗床制作、施肥等情况，在种子出苗后，及时加强苗期管理，促进苗健、苗壮。根据幼苗长势，在 2 叶 1 心至 3 叶时，可以适当追施清粪水等，作提苗肥（每亩 1 000 千克）用。

21. 高粱移栽前，为什么要深翻松地？深翻整地的好处？

答：目前农作物生产过程中，由于多年施用化肥、农药等多种原因，一些农田的土壤变得坚硬或板结，影响农作物生长以及产量，开展深翻整地，就是为了改善耕地质量，提高农业综合生产能力，促进增产增收。

农田犁地层一般在土壤表层以下 20 ~ 25 厘米，层厚 6 ~ 12 厘米，是由于常年施用化肥、农药等形成的死土层，导致一些农田土层板结坚硬，严重影响到土壤透水、透气性能。如果水分不足，作物的根系不能下扎，就会影响作物的生长和产量。

通过深翻耕地、整地，能够打破犁地层，建起"土壤水库"。据已有的研究成果，深翻达到 30 厘米的地块比未深翻的地块每亩可多蓄水 26 立方米左右，伏旱期间平均含水量提高 7 个百分点，可使作物耐旱试验延长 10 天左右，达到促进农作物增产的目的。

目前在农村，主要是采用机械方式（如旋耕机）或人工挖地的方式翻土。翻土、深耕要求达到 30 厘米左右。深耕翻土可以把头季作物生长期间掉落在土壤表面的病菌翻埋入土，减少表层土壤病菌基数。下部土壤翻在表面后，可以熟化土壤，释放土壤肥力，改善土壤结构，利于植物生长。

具体做法是：在开春后，根据高粱种植计划和季节，在移栽前 10 天左右及时深翻土壤 30 厘米左右，并耕碎耙细、整平，尽量将残留的作物秸秆捡拾到高粱地外。对确认土壤偏酸的，要结合土壤耙细、整平，亩施生石灰 50 千克，使生石灰与土壤均匀混合。在移栽前 7 天，再每亩加施商品有机肥 50 ~ 100 千克。结合翻土深耕，可以按照高粱高产栽培要求，把事前混匀的农家肥（每亩 1 000 千克）、磷肥（每亩 30 ~ 40 千克）、钾肥（每亩 5 ~ 10 千克），同时均匀翻施入土，或者采用沟施的方式，或者采用窝施的方式施入土中。注意窝施的时候不能使种子或根系与肥料直接接触，可以在两窝高粱之间的中间部分打窝施入肥料，施入肥料后一定要盖土。

22. 高粱比较耐瘠薄，是不是在生产中就可以少施肥？

答：高粱具有耐瘠薄的特点，但是在高粱的生长过程中，仍然不能忽视施肥技术对高粱的增产作用。已有研究表明，在一般生产条件下，每生产 100 千克高粱籽粒，需要氮 2 ~ 4 千克，五氧化二磷 1.5 ~ 2 千克，氧化钾 3 ~ 4 千克。氮、磷、钾的比例约为 1：0.5：1.2。高粱的一生对钾肥吸收量最大，磷最少，氮居中。但一般施用氮肥增产效果最显著，磷次之，钾肥增产效果不稳定。因此，在高粱生产过程中，不能因为高粱具有耐瘠薄的特性就少施肥，要根据品种类型的需肥特点、土壤肥力和土壤性质、肥料的性质等确定施肥数量。比如杂交糯高粱品种总体需肥量大于常规高粱品种，种植杂交糯高粱品种就应适当多施肥；人畜粪肥和化学肥料肥效快，用作追肥效果好；有机肥属迟效肥，肥效期长，作底肥比较好；有机肥内含腐殖酸，带有多种负电荷，能够吸引阳离子的养分，因此，有机肥与无机肥配合施用可以减少化肥中营养成分的流失，提高肥料利用率。

23. 高粱本田的底肥施肥技术要求？

答：高粱本田施用的底肥也称为基肥，主要作用在于培肥土壤，以土壤中的肥料来促进植株生长，为整个高粱生育期提供养分。同时，基肥又可以改善土壤的物理结构，增加土壤肥力，提高土壤的保肥、保水能力。

在施肥的原则上，总体上是要求重施底肥，重前补后，有机肥与无机肥相结合的施肥方法。土壤肥力高的，可以少施；土壤肥力低的，则可适当多施。施肥种类上，以有机肥为主（人畜粪肥、商品有机肥），适当增施无机肥（尿素、过磷酸钙、硫酸钾等）。施肥方法上，可以采用撒施、沟施和根外喷施等方法。追肥后肥料及时覆土。

底肥施肥数量上，中等肥力土壤亩施腐熟农家肥1 000 ～ 1 500 千克、商品有机肥 50 ～ 100 千克、过磷酸钙 30 ～ 40 千克（磷肥全部用作底肥）、硫酸钾 5 ～ 10 千克。混匀，撒施或沟施。采用撒施方法的，可以在移栽前深翻土壤时翻入土壤中。

24. 高粱移栽返青后的追肥技术要点？

答：高粱移栽返青后的首次追肥系苗期追肥。如果已经在本田重施了底肥，在苗期可视幼苗长势少施或不施追肥。

追施苗肥的，可在移栽成活后 5 ~ 7 天，亩追施腐熟农家肥或清粪水 1 000 千克、尿素 3 ~ 5 千克。结合追肥，做浅中耕、除草。

25. 高粱追施拔节肥的作用是什么？

答：高粱拔节后追施的肥料系拔节肥。拔节期至抽穗期是高粱氮素营养的养分临界期，施用氮肥可以增加穗分枝和穗粒数，有增产的作用。拔节期追肥，每亩施人畜粪肥或清粪水 1 000 千克，尿素、硫酸钾各 5 ~ 10 千克。结合追施拔节肥，做中耕除草。

26. 高粱抽穗前为什么要看苗追肥？

答：在高粱幼穗分化期（见旗叶后），即在高粱抽穗前 7 ~ 10 天，根据植株田间长势追施一次肥料，系孕穗肥或粒肥，可以增加千粒重，防止植株叶片早衰，获得增产效果。可亩施人畜粪或清粪水 1 000 千克、尿素 5 千克，或高粱配方肥 3 ~ 5 千克。

27. 高粱追施肥料的时候，是不是可以随手撒施肥料？

答：不同的肥料有不同的特性。碳酸氢铵很不稳定，易分解为氨气挥发，不宜浅施。硫酸铵忌长期施用，因它属于生理性酸性化肥，若在地里长期施用会增加土壤酸性，破坏土壤团粒结构，使土壤板结，降低理化性能，不利于培肥地力。施尿素时注意：一是要提前一周施入，因为尿素有一个分解过程，转化为铵，才能被植物吸收。二是尿素施用后不宜马上浇水，尿素遇水容易转化为酰胺，随水流失；尿素也要深施盖土，可提高尿素肥效20%。

如果追肥后不培土，则肥效利用率低，浪费较大，施肥后及时培土，可以提高利用率。随手撒施肥料还有一个坏处，就是追施肥料的时候，如果高粱已经拔节，植株较高大，随手撒施肥料就有可能把肥料颗粒撒在高粱植株的叶片或茎秆上，肥料颗粒遇水或吸潮后，会对植株叶片、茎秆造成灼伤，破坏叶片功能，不利于正常生长（见图15）。

图15　撒施肥料灼伤茎秆叶片

28. 高粱移栽成活后如何补苗？

答：高粱移栽后一般在 3 ～ 5 天就可返青生长。根据高粱移栽后返青成活情况，应及时查苗补缺，保证全苗（见图 16）。补苗时，不宜选用大苗，选用中苗即可，有利于高粱苗尽快返青成活。

图 16　补栽高粱苗长势差

29. 高粱移栽成活后为什么要中耕除草？

答：高粱移栽成活后，高粱苗期生长相对较为缓慢，叶片窄小，一般在移栽 40 天以后进入旺长期。在此期间，因高粱苗期叶片面积小，田间透光度大，杂草在土壤中获得的光照时间长，杂草生长速度明显快于高粱苗。杂草的旺盛生长会与高粱植株争肥、争水、争光等，出现田间杂草长势超过高粱苗的现象，不利于高粱正常生长，甚至有可能杂草覆盖高粱苗，导致高粱最终减产等。

中耕除草可以破除土壤板结，改变土壤理化性质，增加土壤孔隙度，切断毛细管，减少土壤水分蒸发，有利于土壤微生物活动，加速有机养分分解，提高土壤肥力（见图 17）。

图 17　高粱地人工除草

中耕的同时，要注意培土，增加垄体（土壤）高度，以防止高粱倒伏，不仅可以蓄存水分，还有利于高粱气生根向下伸长，扎入垄体，提高吸收养分的能力。

30. 高粱比较耐旱,是不是生产过程中很少需要水分?

答：高粱耐旱，或抗旱能力强，与高粱的根系结构有紧密关联。高粱的根系为须根系，由初生根、次生根、气生根组成。高粱的根系发达，入土深，分布广。高粱次生根有明显的层次，在土壤中最初为水平扩展，继而向下伸长。次生根产生大量侧根和根毛，根细胞渗透压高，吸水力强，根的内皮层中有矿质沉淀物，使根非常坚韧，能承受土壤缺水收缩的压力，所以高粱具有较强的抗旱能力。而且，高粱茎、叶表面有一层白色蜡粉，有减少蒸腾作用的功能。高粱遇到高温干旱或土壤干旱时，叶片气孔关闭，并自动卷缩，以减少水分蒸发（见图18）。

图 18　高粱苗移栽后因干旱长势差

　　但在高粱生长过程中，根系吸收水分、叶面蒸腾作用和各种物质转化，都需要在适宜的水分条件下才能正常进行，所以适宜的水分供给依然必不可少。

　　不同阶段高粱需水量有明显差异。出苗至拔节阶段，生育缓慢，需水量仅占全生育期需水量的10%。拔节后至孕穗期是高粱需水量最大的时期，约占总需水量的50%。如果这个阶段缺水，会影响幼穗发育；枝梗分化期缺水，会使穗子变小；小穗小花分化期缺水，可使小穗小花分化数目减少等。孕穗至抽穗开花期需水量约占总需水量的15%。抽穗期土壤持水量低于70%时，就会出现"卡勃旱"，穗子迟迟抽不出来等现象。

所以，要根据高粱不同生育阶段的需水特点，通过灌溉或自然降水等方法，满足高粱生长发育的需水。

31. 高粱移栽返青后，遇下雨，高粱地里积水较多，高粱长势不好，是什么原因?

答：高粱抗旱能力强，也有一定的抗涝能力。但土壤中积水多，会造成种子或根部呼吸受阻，厌氧菌增多，好氧菌减少，有氧代谢受阻，水分代谢、矿物质营养代谢发生障碍，光合作用强度下降等。不同生育时期，高粱对涝害的反应不同。播种后土壤积水可造成种子霉烂；苗期受涝，叶色褪色、枯黄，生长瘦弱；孕穗期受涝，会使穗枝梗数、小穗数、小花数减少，降低粒数和粒重。

在植株受涝、排水不畅的情况下，如果积水时间长，遇高温高湿天气，极易造成植株发生炭疽病、纹枯病等病害（见图19～图20），造成叶片、茎秆变色、萎蔫，失去功能，直至枯死（农户称之为"麻叶子"现象）。

图19　高粱地积水多叶片感病

图 20　土壤水渍危害叶片

32. 泸州在 5 ~ 6 月份时常有阴雨天气，请问在多雨季节种植高粱应当注意哪些问题？

答：高粱是耐旱作物，适当的高温干旱有利于其生长。但如果土壤中积水或雨水多、排水不畅等，会抑制高粱根部有氧呼吸，造成有氧菌不能正常分解肥料，不利于根系生长，同时容易诱发叶片发生病害，尤其是炭疽病的发生。泸州 5 ~ 6 月时常有雨，如果下雨天多，容易造成土壤中积水多、排水不畅。因此，要根据地块所处的地势、地理位置，注意以下几点：

1. 对高粱地地势低洼的，应及时开厢沟、边沟或围沟，沟与沟之间要互通，沟深 10 ~ 20 厘米，保证能够及时排水，降低水位。

2. 对原来就开有厢沟和边沟的，可根据需要再增加深度，并做到沟沟相通。

3. 也可以采用起垄作埂的方法，按照一定规格垒土作埂，如采用"1525"宽窄行规格移栽的，起垄厢宽83.3厘米作宽行，同时也便于施肥和套种甘薯在宽厢厢面；沟宽50厘米，作为窄行；沟深15～25厘米；退窝30～33.3厘米。

4.雨后天气转晴，可立即对有积水的高粱根部窝穴做浅中耕，并适当培土。

5.对高粱苗长势较弱的，一亩用磷酸二氢钾50克加"爱多收"3袋（每袋6毫升）兑水45千克做叶面施肥。

6.为预防高粱发生叶片病害，可亩用75%甲基托布津40克或25%嘧菌脂20毫升兑水45千克喷雾；或用炭伏（主要成分为咪鲜胺＋苯醚甲环唑）一袋（10克）兑水15千克做叶面喷施。

33.在泸州地区高海拔山区（1 700米左右），是否可以种植高粱？

答：高粱喜温、喜光、耐旱，总体上是喜温作物，生育期要求较高的温度，全生育期适宜温度为20～30℃。中熟和中晚熟品种，从出苗到成熟一般须有2 500～2 800℃的积温才能满足生长发育的要求，但不同生育阶段对温度的要求也不同。在海拔1 700米左右的山区，由于气温低，适合高粱生长的时间短（相对于平坝浅丘区），有效积温不足，种植高粱可能不能正常抽穗。虽然通过加盖地膜、提高地温的方式可以适当提早高粱的生育期，也有部分高粱可以抽穗，但是可能因抽穗时间迟，秋季冷风、低温来得早（泸州高海拔山区一般在8月20日以后就有低温来临），导致不能正常扬花结实或灌浆差，籽粒灌浆不饱满等，最后产量很低。作为青储饲料种植是可以的，但是不能直接将新鲜的高粱叶片、茎秆喂牛、羊，应当在发酵后再作为饲料饲喂牲畜。

34. 土壤偏酸的土地适合种植高粱吗？

答：高粱具有一定的耐盐碱能力。据研究结果，高粱幼苗期在 20 厘米土层含盐量 0.3% 以下及氯离子 0.04% 以下的环境中也能良好生长，还有改良盐碱地的能力。

土壤偏酸的原因很多。土壤偏酸后，造成土壤内微生物菌落失衡、土壤板结等，对植物正常生长，尤其是根部生长十分不利。因此土壤偏酸的，种植高粱后其长势弱、生长慢、植株矮小，严重的，植株不能正常抽穗，导致高粱严重减产。

对土壤偏酸的土地，在移栽高粱前 7 ~ 10 天，结合深翻土壤亩施生石灰 50 ~ 100 千克，深翻时与土壤混匀（见图 21）；在移栽前 3 ~ 5 天，采用沟施方法，施入有机肥不少于 100 千克（应连续多年增施有机肥）；同时，在高粱收获后，在秋冬季采用轮作方法，种植绿肥或蔬菜、豆科等作物。

图 21　高粱地翻土整地前撒生石灰

35. 高粱地土壤的有机质含量偏低，该如何办？

答：高粱对土壤的要求不严格，比较耐瘠薄，在待熟化的生土地块、黏土、壤土或砂地都能种植高粱，但以肥沃、疏松、排水良好的壤土种植效果最好。

高粱虽耐瘠薄，但其根系发达、吸肥能力强。已有研究结果表明，在一般生产条件下，每生产100千克高粱籽粒，需要氮素2～4千克，磷（五氧化二磷）1.5～2千克，钾（氧化钾）3～4千克。因此，高粱具有需肥量大、消耗土壤肥力多的特性，生长发良过程中需要大量的养分供给。

有机质含量丰富的土壤，能形成水稳性团粒结构，增强土壤保肥、保水能力。增施有机肥、提高土壤有机质含量，是提高高粱产量的主要方法。因此，对部分有机质含量较低的土壤，应当通过增施有机肥、合理轮作等方式，控制或减少土壤养分的流失，这对提高高粱产量十分有益。

36. 高粱合理轮作的好处有哪些？

答：高粱对土壤适应能力强，具有根系发达、吸肥能力强、消耗地力较多的特点。如果在同一块土地上连续两年以上种植高粱，因土壤肥力耗费较大，尤其是氮素消耗多，会导致土壤肥力下降、氮素养分缺乏，土壤微生物的繁殖和活动也会受到影响，造成土壤有机质的分解和腐殖质形成作用相应减弱，进而造成土壤有机质以及全氮和速效氮含量降低。由于连作，土壤中残留病菌较多，尤其是炭疽病、丝黑穗病等病菌，可能导致下一季高粱发病重，增加高粱生产过程中的病害防治难度；土壤耕作层的含水量也会减少，尤其在遇高温干旱时土壤水分变化比较明显。所以，重茬（连作）种植会造成高粱减产。因此，在高粱生产上，不主张重茬（连作）种植，在头季高粱收获后，应当轮作种植其他农作物。实行合理的轮作倒茬，不仅可以提高土壤肥力，也可以使土地用养结合，减轻病虫危害，消除土壤有害物质等。

37. 高粱轮作倒茬的形式有哪些？

答：合理轮作是实现高粱高产的重要措施之一。高粱忌连作，连作不仅会使其产量大幅度减少，而且还易发生虫害，病害发生也较严重。高粱的植株较高，根系发达，吸取水分和养分的能力强，所以合理轮作是最好的方法之一，前茬最好是豆科作物。在四川，高粱主要在冬闲地、坡地等土壤上种植，以一年三熟或二熟为主，间或有一年一熟制。一年三熟轮作倒茬的主要形式有：高粱—速生秋菜—油菜、蔬菜（如大头菜）或小麦；高粱—再生高粱—马铃薯等。一年二熟轮作倒茬的主要形式有：高粱—蔬菜；高粱—小麦；高粱—马铃薯等。

38. 什么是高粱的合理密植？

答：高粱的产量由单位面积穗数、每穗粒数、粒重的乘积所决定，乘积越大，说明产量越高。单位面积收获的穗数由单位面积的种植密度所决定。穗粒数和粒重的乘积是穗粒重，反映的是高粱单株生产能力，也是高粱个体发育好坏的标志。高粱的产量在一定范围内是随着种植株数的增加而增加的。超过一定范围，增加株数后密度过大，叶面积和光合势虽然有增加，但是净同化率下降，经济系数低，产量不高。因此，必须要使穗数、每穗粒数、粒重三者的乘积达到最大值，这个种植结构才是合理的。

确定高粱的合理种植密度，要考虑种植区域温光热条件、品种特性、土壤肥力、地势以及种植方式等因素。基本原则是要适合当地自然条件，充分发挥品种特性，充分利用地力、光能。

常规高粱生产上采用等行距种植的，可以采用66.7厘米的等行距，退窝33.3厘米，每窝栽2苗（株），每亩栽6 000株；或者66.7厘米等行距，退窝30厘米，每窝栽2苗（株），每亩栽6 666株。采用宽窄行种植的，可以窄行50厘米或者60厘米，退窝30厘米，宽行83.3厘米，在宽行中可以套栽甘薯。

39. 高粱与大豆的间作、套作种植方法？

答：大豆喜温、喜光。大豆花荚分布在植株上下部，故上下部各位置叶片都要求有充足的阳光，以利于叶片光合作用，因此需要较好的透光条件。大豆植株虽相对矮小，但植株繁茂性好，与高粱按照一定的种植方式套作种植，既可以充分利用4～8月良好的光照条件，满足大豆喜光的特性，也可以合理利用土地资源，增加复种指数。在四川东南沿江河谷地区，早栽高粱可在6月初抽穗扬花，多数在6月中下旬抽穗扬花，7月下旬陆续成熟收获。

技术措施上，规范开厢，分带轮作。高粱种植采用宽行窄株方式，开厢2米，窄行40厘米，栽种2行高粱，高粱退窝20厘米，每窝栽双株，保证亩栽6 600株以上。宽行1.6米，其中，高粱与大豆行距50厘米。

间作种植的春大豆于高粱移栽后及时播种（一般在清明节前后见雨播种），套作种植的大豆于6月25日左右播种。在高粱宽行中套作种植2行大豆，大豆行距60厘米，退窝33.3厘米，每窝播4～5粒种，最后留大豆苗2～3苗，保证亩栽种大豆4 000～6 000株。

品种选择上，间作大豆品种可选择川豆 16 号、黔豆 7 号、滇豆 6 号、滇豆 7 号、云黄 13 号等品种。套作大豆品种可选择南夏豆 25 号、南夏豆 38 号、贡秋豆 8 号、贡选 1 号等耐荫性较强的品种。

施肥方法上，无论是间作种植还是套作种植，都应该提前翻地、整地（至少在移栽前一周），同时施腐熟农家肥 20 ~ 30 担每亩、磷肥 20 ~ 30 千克每亩；磷肥可以撒施后翻入土中。也可以每亩施速高效缓控释肥（养分含量 28）50 千克左右，播种时采用窝施的办法，施在两个高粱窝中间。也可以在播种种子时，同时在一个窝里施入肥料，但种肥一定要分开。缺磷的土壤一定要注意增施磷肥。在大豆花期可以追施钼肥、磷酸二氢钾等叶面肥。

需要注意的是，在高粱与大豆间作、套作种植的情况下，施用农药必须注意不要施用对高粱敏感的农药，如敌百虫、辛硫磷、敌敌畏、石硫合剂、杀螟松、混灭威、杀螟单等。高粱地直接施用此类农药或在 500 米以内施用都会引起高粱药害。

在非有机高粱种植基地，不提倡在高粱地上施用除草剂，防止除草剂伤害大豆等。

在有机高粱种植基地，农药和肥料的使用必须符合有机高粱基地生产管理要求。在有机高粱基地不能施用除草剂。

40. 高粱与甘薯的套作种植方法？

答：甘薯是耐旱作物，茎叶较为繁茂、营养体较大、生长期较长、单产较高。甘薯与高粱套作，可以提高复种指数，增加单位面积土壤生产量，增加农户收入。

移栽高粱的时候，按照分厢带状种植方法，种半留半，即开厢 2 米或 1.67 米，种 1 米或 83.3 厘米，留 1 米或 83.3 厘米；或者按照宽窄行种植方式，开厢1.33米，窄行50厘米，宽行1.67米的方法，在宽行中套种甘薯苗。

高粱苗移栽成活后，在5月初（立夏）至5月中下旬移栽甘薯苗比较好（最迟在芒种前移栽结束），即可将育成的甘薯苗按照一定规格扦插在空行中（采用宽窄行种植方式的，扦插在宽行一侧比较好）（见图22）。扦插甘薯苗时，要注意及时培土、追施清粪水，促苗返青成活。

图22　高粱"1525"种植模式套种甘薯

41. 高粱与马铃薯的套作方法与栽培要点？

答：如果要利用种植马铃薯的土地在来年春季种植高粱，马铃薯一般于11月上中旬播种（也可适当提早播种），翌年3月下旬至4月中旬前后收获。要注意马铃薯品种的选择，以及选择脱毒薯，催芽后播种等。在马铃薯播种时，采用等行距的，可按照分厢带状种植的方式，种半留半，即开厢2米或1.67米，种1米或83.3厘米，留1米或83.3厘米，退窝33.3厘米，错窝种植，在空行上种2～3行马铃薯；待来年4月初至4月中下旬，将培

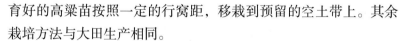

育好的高粱苗按照一定的行窝距，移栽到预留的空土带上。其余栽培方法与大田生产相同。

如果不做套种，马铃薯可在 11 月上中旬播种，翌年 3 月下旬至 4 月中旬前后收获。马铃薯收获后，及时翻土、施肥、平整土地等，再移栽高粱。

42. 小麦与高粱的套作种植方法？

答：播种小麦时预留空行，在小麦生育后期将高粱播种或移栽于小麦的预留行间；第二年相互换茬，上年种小麦的种植带作预留空行，上年预留空行的种植带种小麦。小麦一般在 11 月上旬播种。在小麦播种时，按照分厢带状种植的方式，种半留半，即开厢 2 米或 1.67 厘米，种 1 米或 83.3 厘米，留 1 米或 83.3 厘米，可种小麦 3 ~ 4 行；待来年 4 月初至 4 月中旬，将培育好的高粱苗按照一定的行窝距，移栽到预留的空土带上。其余栽培方法与大田生产相同。

43. 高粱地化学除草要注意哪些问题？

答：高粱田间杂草发生普遍、种类繁多，杂草与高粱争光、争肥，导致高粱植株生长矮小，严重影响产量。多年来，杂草防治是高粱生产中极度费工、费时的一个环节。高粱是单子叶植株，高粱的生理特点导致其对部分化学药剂十分敏感，在使用化学药剂除草时极易出现药害，危害高粱植株正常生长（见图 23 ~ 图 25）。目前，在高粱生产中杂草的防除严重依赖人工，加之农村劳动力缺乏、用工成本高，因此，对安全使用高粱田间除草剂的需求十分迫切。

土壤质地、土壤墒情、有机质含量等都对土壤施用除草剂的

效果有影响。目前用得较多的除草剂是莠去津。莠去津适合在壤质土、沙质土，且有机质含量较高、墒情好的土壤上使用。莠去津可在高粱播种后出苗前进行封闭处理，可防除一年生禾本科和阔叶杂草，但无法使杂草立即死亡；主要表现为杂草叶片发黄，抑制其继续生长，但持效期长，易对后茬作物造成药害。农达对杂草防治效果好，但药害严重。使它隆对田间生长的窄叶类杂草无效。

图 23（上）、图 24（下）　土壤乱施除草剂高粱长势弱

图25　土壤施除草剂的高粱根、叶长势差

总之，在高粱地施用化学除草剂一定要慎重。在间作、套作大豆的情况下，更要考虑除草剂对大豆的危害，也要注意施用大豆除草剂对高粱的危害。

44. 移栽高粱成活后是否可以用化学除草法除草？

答：目前高粱化学除草主要有两种方法：苗前除草和苗后除草。

在高粱移栽前可用广谱灭生性除草剂草铵膦。在播种后出苗前可使用异丙甲草胺（都尔）、莠去津等除草剂。但播种后出苗前要慎重施用乙草胺做封闭除草，因其在喷施后遇下雨则会产生药害，严重影响高粱出苗。

出苗后施用除草剂时要在5叶1心或6叶期以后喷施（一般

是在移栽成活后）。

在高粱移栽成活后施用除草剂，还可选择莠去津 + 氯氟吡氧乙酸异辛酯 + 二氯喹啉酸悬浮剂，每亩用量 120 ~ 160 克，或莠去津 + 二氯喹啉酸可分散油悬浮剂，但要注意施用时机，应尽量在移栽成活后杂草并不茂盛时做定向喷施。一季只施用一次。注意药液不直接喷施在高粱植株上。

高粱地施用了含有二氯喹啉酸成分的除草剂，次年如果在同一块土地上种植烤烟，则会对烤烟苗产生药害。

三、再生高粱栽培技术

1. 哪些高粱品种适合蓄留再生高粱?

答：再生高粱是利用高粱茎节腋芽在适宜条件下萌发后长成的植株。杂交糯高粱蓄留再生高粱可以充分利用川东南浅丘区晚秋温光热资源，提高复种指数和作物单位面积产量，增加农户收益和社会效益，具有省种、省工、生育期短、见效快、效益高的特点。

蓄留再生高粱必须考虑头季高粱的生育期、丰产性和腋芽的再生能力和品质等。目前来看，杂交糯高粱品种茎秆粗壮、腋芽萌发能力强、品种生育期适宜，头季种植，通过适当提早播种、育苗移栽等，可以在 7 月下旬成熟收获，使再生高粱在 9 月上旬安全抽穗扬花结实，有 90 天左右的生长期。品种有泸糯 8 号、金糯粱 1 号等。

2. 蓄留再生高粱的头季高粱为什么要适当提早播种时间?

答：在四川东南部沿江浅丘年平均温度达 18℃的地区，秋季热量资源较为丰富，但从实现杂交糯高粱两季稳产高产要求出发，必须适时播栽，给再生高粱生长留有充足时间，以利于正季收割后再生高粱能够安全抽穗扬花和完全成熟，实现两季均衡增产的目的。

因此，根据杂交糯高粱品种的生育特性和气候条件，应以确定正季杂交糯高粱和蓄留再生高粱能够安全扬花、正常灌浆结实和成熟的时间倒推算其最佳播种（栽）期。已有研究结果表明，高粱生育期间要求温度较高，开花最适温度为 20 ~ 22℃，在 26 ~ 30℃温度下有利于抽穗开花和结实，籽粒形成和成熟期的适宜温度为 20 ~ 24℃。可见，温度是影响再生高粱安全抽穗、结实和成熟的重要因素。因此，正季杂交糯高粱在 7 月 20 日左右成熟收割后，9 月上中旬温度对再生高粱结实率的影响，应使再生高粱结实率达 80% 以上，开花期日均温不低于 22℃；在日均温 22 ~ 26℃时，结实率达 90% 以上。据多年气象资料，泸州市 9 月上旬气温 ≥ 22℃的频率为 96.7%，旬平均气温为 25.3℃；9 月中旬气温 ≥ 22℃的频率为 50%，旬平均气温为 22.1℃；9 月上旬秋季气候条件可以满足杂交糯高粱蓄留再生高粱安全抽穗扬花对热量条件的生理需求。目前生产上推广的杂交糯高粱品种生育期均较常规高粱生育期短 5 ~ 7 天，全生育期为 135 天左右，在 2 月底至 3 月初播种，可在 7 月 20 日前成熟；再生高粱在 9 月上旬安全抽穗扬花，10 月底前成熟，全生育期为 90 天左右，既可以充分利用晚秋热量资源，又可以实现杂交糯高粱两季稳产高产的目的。

3. 蓄留再生高粱的头季高粱什么时候收割较好？

答：杂交糯高粱穗子九成籽粒变红、变硬即可收获。如遇高温伏旱天气，收获较迟会导致植株茎秆失水，再生能力降低；如收获过迟，会造成高粱根部老化和枯死。收获当天用锋利砍刀用力、快速平割或用枝剪平剪高粱茎秆，尽量减少茎秆的破裂，将茎秆覆盖高粱行间抗旱保墒促腋芽萌发。

4. 收割头季高粱的留桩高度多少比较适宜?

答：高粱茎的每一个节位上都长有腋芽，具有较强的再生萌发能力。川东南浅丘区秋季低温来得早，杂交糯高粱蓄留再生高粱可利用的生长时间只有 90 天左右，留桩高度是决定再生高粱腋芽萌发节位，能否形成大穗与安全抽穗扬花结实，实现蓄留再生高粱稳产高产的关键技术环节之一。综合考虑再生高粱安全抽穗扬花与产量构成因素，蓄留再生高粱留桩高度不宜太低或太高，离地表留 1 ~ 2 个节位较好，此高度其株高、茎粗、有效穗、穗长等农艺性状较好，有利于杂交糯高粱再生季的早熟和稳产高产。结合收获时间考虑，7 月中旬收割留 1 ~ 2 个节位，7 月下旬收割留 2 个节位，做到争取低节位腋芽成大穗与确保安全抽穗扬花结实的协调，以获得较理想的产量。如果因头季杂交糯高粱播期较迟，导致头季收获较晚的情况，可采取适当的高节位留桩措施。

5. 再生高粱抹芽的作用是什么?

答：再生高粱腋芽萌发后，每个茎秆的植株基部留下的 1 ~ 2 个节位在条件适宜时，都可能会萌发出苗。每个植株桩上可能就有 2 ~ 4 苗，甚至更多。要及时梳苗定苗，每窝留健壮苗 2 ~ 3 个，将多余苗全部抹掉，以免大量耗费养分；保证净作每亩 6 666 ~ 7 333 株、套作每亩 4 666 ~ 5 333 株的密度为宜。

6. 再生高粱什么时候抹芽比较好?

答:当再生苗长到 3 叶时抹芽为宜,这个时候苗比较幼嫩,此时抹芽不易伤及母桩,田间操作简单易行。

7. 再生高粱的病虫害防治要注意哪几点?

答:杂交糯高粱穗子紧实、直立、籽粒大、千粒重高,富含蛋白质等营养物质,极易受粟穗螟、桃蛀螟、蚜虫等侵害,并应注意及时防治炭疽病、纹枯病、红条病毒病等。具体用药方法与头季高粱相同。

8. 再生高粱的田间肥水管理有哪几个关键环节?

答:正季高粱收割后 3 天内施发苗肥,施用人畜粪1 000 ~ 1 500 千克每亩,兑尿素 15 ~ 20 千克每亩灌窝;当再生苗长到 3 叶时,运走行间茎秆,及时梳苗、定苗;苗高 30 厘米左右时及时除草、施 (拔节孕穗) 肥,培土上行、防倒伏;拔节孕穗肥每亩施尿素 5 ~ 8 千克。

9. 头季高粱收割后如何保证再生腋芽的正常萌发、出芽?

答:在正季杂交糯高粱灌浆结实期间施少许穗肥,有利于高粱籽粒灌浆结实,提高穗粒重、提高单产;同时,因施穗肥后高粱植株可吸收较多养分,在茎秆收获后,可促进高粱腋芽早发、快发,出苗整齐、健壮。施肥方法上,宜在正季杂交糯高粱收获前 15 天施用,每亩用尿素 5 ~ 8 千克,窝施,然后铲土覆盖;也可以在高粱收获前 10 天每亩用尿素 5 千克兑水 30 千克，用喷雾器于早上或傍晚喷施高粱基部。

在正季高粱收获时，如遇高温伏旱天气，会导致植株茎秆失水，再生能力降低；如收获过迟，会造成高粱根部老化和枯死。在收获当天用锋利砍刀用力、快速平割或用枝剪平剪高粱茎秆，尽量减少茎秆的破裂，将茎秆覆盖高粱行间抗旱保墒促腋芽萌发。

10. 什么是宿根高粱？

答：在头季或再生高粱收获后，继续保留高粱植株和根部在土壤中，并采取一定的措施护芽越冬，次年 3 月上旬高粱基部腋芽萌发后，在离地 3～4 厘米处用刀砍去老茎秆，利用萌发的腋芽长成一株完整的高粱植株，并能够抽穗开花结实获得高粱产量，采用这种方式获得的高粱就称为宿根高粱。

在次年高粱腋芽萌发、砍去老茎秆后，要及时用清粪水浇根提苗。在 4 月上旬按 1 桩 1 芽选留健壮的幼苗，缺窝部分则用带根蘖苗补足。

注意采用宿根方法栽培的，持续期不宜超过 3 年。

宿根高粱苗长成后的田间管理与高粱大田生产相同。

四、免耕直播高粱栽培技术

1. 丘陵山区免耕直播高粱的好处有哪些?

答:高粱免耕直播是指在前作收获后的空地上不做土壤耕整,经除草,捡拾大型石块、枝梗等杂物后直接在土地上按照一定的行距、穴距规格打窝(穴),在窝(穴)里施入底肥、播种种子的一种种植方式(见图26)。

图26　2019年向林镇增加村免耕直播高粱

免耕直播的好处在于减少了土壤翻耕过程和育苗环节，减少了一部分支出。同时在特殊情况下，可以抢时间、抢季节，做到抢时播种。

2. 丘陵山区免耕直播高粱对品种选择有无特殊要求？

答：免耕直播由于减少了育苗移栽的环节，高粱播种出苗后可以一直生长，直至抽穗扬花、灌浆结实、收获。在品种选择上，要选择株高较矮、茎秆粗壮、熟期较早熟的品种，不宜选用株高较高、熟期较迟的品种，以防止因风雨等原因倒伏减产或因抽穗扬花期迟、结实灌浆不安全而减产的情况（见图 27）。

图 27 2020 年免耕直播高粱远眺

3. 丘陵山区免耕直播高粱的播种时间如何确定？

答：免耕直播高粱的播种时间可以比常规育苗移栽高粱迟20～30天，也可以根据前作土地的情况作及时调整。在四川东南浅丘地区，由于有"七下八上"（7月下旬至8月上旬）的高温伏旱天气，一般直播时间可推迟到4月下旬至5月初，但品种选择上要选用早熟品种，如机糯粱1号等杂交糯高粱品种，本地常规品种青壳洋高粱等不宜做直播。

4. 丘陵山区免耕直播高粱播种前是否需要除草？

答：与育苗移栽的高粱种植方式作比较，免耕直播高粱在播种前也应当除草，捡拾大型杂草枝梗、石块等，以方便播种、施肥等作业，也为直播高粱出苗后创造一个有利的通风透光条件。

首先，如果因劳动力或成本原因要采用化学方法除草的，一定要提早7～10天除草，而且在除草剂品种选用上，也要注意选择经过试验、可以在高粱生产中使用的除草剂，切不可随意使用除草剂，防止使用除草剂后对高粱生长造成不利影响。其次，要注意除草剂的使用量，严格使用剂量，不是剂量越大越好，剂量过大会造成土壤和杀灭的草体中的残留量大，也会不利于高粱今后的生长。

5. 丘陵山区免耕直播高粱如何确定播种量？

答：免耕直播高粱由于没有采用育苗移栽的方法，在播种量上就要比育苗移栽的多一些，每窝（穴）播种4～6粒种子，多的有8～10粒种子，一亩的用量在1千克左右。

6. 丘陵山区免耕直播高粱如何确定种植密度?

答：免耕直播高粱确定种植密度要考虑地形、地貌与肥力水平。一般情况下采用杂交高粱品种做免耕直播，一是熟期相对较短，二是品种矮健、茎秆粗壮、抗倒伏。以中等肥力地力为例，种植密度一般控制在亩栽 6 000 ~ 7 000 株，每窝（穴）留苗以 2 株为主，间或留苗 3 株，每亩总窝（穴）数 3 000 窝（穴）左右，预计产量水平 400 千克左右（见图 28）。

图 28　2019 年机糯粱 1 号免耕直播每窝株数多

7. 丘陵山区免耕直播高粱如何打窝?

答：免耕直播高粱打窝，可以用锄头直接在地表挖 10 厘米宽、10 ~ 15 厘米深的孔穴即可。打窝时，挖出的泥土放在一侧，以便于壅土、盖窝（穴）用。

8. 丘陵山区免耕直播高粱如何施底肥和播种?

答：施底肥时，应事先按照施肥要求，把商品有机肥、磷肥、钾肥等按照一定比例混匀，施入已经挖好的孔穴（窝、穴）

一侧，肥料盖土过后再把种子放入孔穴中的另一侧，防止肥料与种子直接接触。每穴施肥 80 ～ 100 克，可用汤勺舀取肥料、施入穴中。施肥、播种结束后，将先前打窝时挖出的泥土用锄头铲一些来盖肥、盖种子。注意盖土时，不能盖得太厚，以利于种子萌芽后尽快出土、出苗。

9. 丘陵山区免耕直播高粱如何保证全苗？

答：免耕直播高粱播种时间一般都比常规育苗移栽高粱迟 20 ～ 30 天，基本上是在 4 月中下旬至 5 月初，不宜太迟播种。这时，气温较高，在土壤墒情好的情况下，种子一般 3 天就可以出苗。出苗后，要注意观察出苗情况，是否有蚂蚁、蝼蛄等地下害虫咬食种子、幼苗，如果发现有，就要及时喷施农药，杀灭地下害虫，保证全苗。再就是要及时补苗，对缺窝的，要及时在有多余幼苗的窝里梳苗移栽到缺窝的窝里，并及时浇清粪水少许，促进快速返青、长根（见图 29）。

图 29　2019 年免耕直播高粱匀苗

10. 丘陵山区免耕直播高粱如何中耕除草?

答:免耕直播高粱在播种后 30 天以内,根据幼苗长势和田间杂草多少,应当及时采用人工方法除草一次,并结合除草做一次中耕、追肥。之后根据高粱植株和杂草长势,适时做第二次除草和追肥。

11. 丘陵山区免耕直播高粱如何追肥?

答:追肥的时候,在直播高粱的株与株之间的空地上打窝,注意窝不要靠近植株根部,再把事先混匀的尿素、钾肥等肥料施入两株高粱之间的孔穴中,用泥土覆盖肥料。切忌用随手撒施肥料的方法追肥,一是造成肥料直接撒在地面上没有埋入土中,肥料利用效果差;二是随手撒施肥料的时候,有可能把肥料撒施在高粱植株的茎秆、叶片上,遇水或受潮后会损(烧)伤叶片。

12. 丘陵山区免耕直播高粱如何防治病虫害?

答:免耕直播高粱的病虫害防治基本与常规育苗移栽高粱一致。苗期注意防治蚂蚁、地下害虫以及蚜虫、芒蝇等;拔节期前后注意防治螟虫类(主要是鳞翅目螟蛾科、夜蛾科昆虫)虫害以及炭疽病、纹枯病等病害。要注意田间观察,根据植株被病虫害侵染、咬食等情况,及时采取喷施农药等防治措施,把病虫危害的损失控制到最小。

13. 什么是高粱原窝直播轻简技术?

答:高粱的前作种植的是油菜、蚕豆等作物,在前作收获后,利用秸秆拔出后留下的孔穴(窝),将高粱种子直接播种在其中的一种栽培方式。

施肥、中耕除草、病虫害防治等方法均与免耕直播高粱的方法相同。

五、高粱病虫害防治技术

1. 高粱有些什么病害？

答：据不完全统计，危害高粱的侵染性病害有 30 多种，包括真菌、细菌、病毒、线虫和寄生性种子植物等。目前在四川高粱生产中发生的主要病害有炭疽病、丝黑穗病、纹枯病、大斑病、红条病毒病等。2019 年在泸州市高粱种植基地已经发现有高粱顶腐病、靶斑病危害。2021 年发现有粗斑病危害。

2. 高粱有些什么虫害？

答：据不完全统计，危害高粱的虫害有 30 多种。目前在四川高粱生产中经常发生的虫害有：地下虫害类（地老虎、蝼蛄、金龟子等），鳞翅目夜蛾科、螟蛾科昆虫（桃蛀螟、粟穗螟、棉铃虫、玉米螟、黏虫等），蚜虫，芒蝇等。在高粱和玉米混种区域内，危害高粱穗子的害虫主要是桃蛀螟和玉米螟等。

3. 请介绍高粱炭疽病的防治方法。

答：高粱炭疽病是目前生产上发生比较普遍的一种病害，对高粱生产危害很大，在高粱生产的整个生育期都可能发生。经常有农户反映的叶片"麻叶"现象，就是炭疽病危害后期导致的叶片枯死。

高粱炭疽病的发病症状：叶、茎、花序和种子等所有地上组织器官都能被炭疽病侵染，种子出苗 30 ~ 40 天后，在被侵染的叶片上即可出现典型的症状。高粱炭疽病以危害叶片为主，病斑常从叶尖处开始发生，呈圆形或椭圆形，中央红褐色，边缘依高粱品种的不同而呈现紫红色、橘黄色、黑紫色或褐色，后期病斑上形成小黑点。叶鞘上病斑呈椭圆形至长梭形，红色、紫色或黑色，其上也形成黑色分生孢子盘。穗柄被侵染后，导致穗柄褐色腐烂、籽粒早衰。籽粒被侵染后，籽粒上形成红褐色或黑褐色小斑点，条件适宜时加速籽粒霉变。植株地上部茎基处被侵染后，可引起幼苗期猝倒病、立枯病和成株期茎腐病（见图30 ~ 图33）。

图30　高粱炭疽病叶片枯死

图31　高粱炭疽病发病叶片

图 32　高粱穗茎部炭疽病　　　　图 33　高粱穗茎秆炭疽病

　　高粱炭疽病的发生特点：在高湿或多雨的年份或低洼下湿田普遍发生；连作地块、酸性土壤以及有机质含量偏低的地块发生较多、较重（见图 34）。

图 34　高粱炭疽病大面积发生

高粱炭疽病要强调综合防治：一是要合理轮作、倒茬，增施有机肥。二是选抗病品种。三是及时清理土壤中的病株、深翻土壤。四是种子处理：50% 退菌特浸种 12 小时，冲洗后播种；拌种（50% 多菌灵可湿性粉剂，或 70% 甲基托布津可湿性粉剂，或 50% 福美双可湿性粉剂，或 35% 菲醌粉剂，加适量水拌种后，堆闷 6 小时以上，阴干后播种）。五是带药移栽。移栽前用：30% 苯甲·丙环唑，兑水 800 ~ 1 000 倍，浸秧 5 ~ 10 分钟或蘸根 3 ~ 5 分钟，晾干后再移栽。六是发病初期，用 45% 代森锰锌或多菌灵或甲基托布津 1 000 倍液喷施 1 ~ 2 次，或用 5% 苯醚甲环唑 +15% 咪鲜胺 10 克，兑水 15 千克做叶面喷施 1 ~ 2 次，每隔 7 ~ 10 天喷施 1 次。七是对易积水或排水不畅的地块，在四周挖排水沟，地块较大的，应当在地块中间挖一水沟，使水沟之间相连通，便于排水；也可以采用起垄作埂的方法，抬高高粱根系耕作层，降低土壤中的水位，有利于高粱生长良好，减轻炭疽病等病害危害。

4. 请介绍高粱丝黑穗病的防治方法。

答：高粱丝黑穗病是典型的土传、种传病害。高粱丝黑穗病对高粱生产危害很大，常导致高粱颗粒无收。四川地区常规高粱感病主要是丝黑穗病。常规品种发病重于杂交品种。另外还有散黑穗病、坚黑穗病。随着高粱种植面积的扩大，在一些规模种植面积较大的地方，高粱丝黑穗病发生有加重的趋势，严重影响高粱产量、品质，直接危及高粱安全、优质生产。

高粱丝黑穗病是目前生产上发生比较普遍的一种病害，可以通过种子和土壤传病，病菌的冬孢子在土内可以存活 3 年。散落在地表和混在粪肥中的冬孢子是高粱丝黑穗病的主要侵染来源。种子带菌虽不及土壤和粪肥带菌传播广泛，但也是病菌远距离传播的主要途径。

高粱丝黑穗病在幼苗期侵染植株，在高粱种子露白尖到芽长到 1 ~ 1.5 厘米期间，冬孢子萌发后直接侵入幼芽的分生组织，菌丝生长于细胞间和细胞内，菌丝随着植株生长向顶端分生组织扩展。植株进入开花阶段后，菌丝急剧生长成产孢菌丝，形成大量冬孢子。

高粱丝黑穗病的发病症状：丝黑穗病主要危害穗部，使整个穗部变成黑粉包，在孕穗大苞期出现症状。感病的植株抽穗前病穗下部膨大，苞叶紧实，用手剥开苞叶会露出白色棒状物，外有一层白色薄膜。成熟后白膜破裂，散出大量黑色粉末，露出散乱的成束丝状物，俗称"乌米"。有的病穗基部壳残存少量的小穗分枝，但不能结实；有的病株穗部形成丛簇状病变叶，有的形成不育穗。病株表现矮缩，节间缩短，特别是靠近穗部节间缩短明显（见图 35 ~ 图 36）。

图 35　高粱丝黑穗病穗子　　　　图 36　高粱丝黑穗病穗子散粉后

高粱丝黑穗病的防治要采取综合防治方法，如及时清除感病植株做深埋或焚烧，切忌随手在田间乱扔，或者丢弃在粪坑里。在生产中通过采取轮作、深翻土壤、增施有机肥、浸种、拌种、起垄作埂、合理密植等措施，可以减轻高粱丝黑穗病的危害。

药剂拌种方法：三唑酮可湿性粉剂 2 克拌 1 千克高粱种子；或者用 2% 戊唑醇按种子重量的 0.1% ~ 0.2% 拌种；或者用 20% 萎锈灵乳油 0.5 千克，加水 3 千克拌种 40 千克，闷种 4 小时，晾干后播种。

5. 请介绍高粱顶腐病的危害与防治方法。

答：高粱顶腐病是一种真菌性病害。1993 年首次报道在辽宁省发生。此后，在我国高粱产区也有不同程度发生，发病损失率 3% ~ 10%，重病区发病率为 40% 以上。顶腐病在苗期和整个生长期都可发生。高粱顶腐病主要危害叶片、叶鞘等植株地上部分。在抽穗前发生，常导致高粱穗子不能正常抽出、扬花，产量低下。气候潮湿时有利于发病。

泸州市部分高粱种植基地在 2019 年夏季发生顶腐病危害，高粱叶片边缘呈现不规则的锯齿状（齿长 0.5 ~ 1 厘米不等），后续抽出的叶片呈扭曲状，叶片不能正常展开（见图 37 ~ 图 39）。即使后期叶片可以抽出、展开，叶脉两边的叶片部分也是呈波纹状，明显与正常叶片不同，倒一叶呈圆筒形的长鞭形，叶鞘处偶有腐烂等，对高粱的正常生长、扬花结实等都有不利影响。

图 37　高粱顶腐病剑叶扭曲变形

图 38　高粱顶腐病病叶

图 39　顶腐病叶缘呈锯齿状

高粱顶腐病的防治应当采取综合施策的方法，如选用抗病品种、轮作、深翻土壤、增施有机肥、浸种、拌种、起垄作埂、合理密植等。在拔节后，可以结合防治高粱虫害、炭疽病等，辅以叶面喷施农药做预防。在药剂防治上可在播种前用25%粉锈宁可湿性粉剂或10%腈菌唑可湿性粉剂拌种，生物防治上可用0.2%增产菌拌种或叶面喷施，有一定控制作用。

6. 请介绍高粱纹枯病的防治方法。

答：纹枯病是危害高粱叶片和茎秆的一种主要病害。泸州市高粱种植区域在5～7月如遇高温高湿天气，且种植密度较大、土壤积水相对较多，就有可能发生纹枯病危害。农民形象地称高粱纹枯病为"花脚杆"，说明纹枯病主要发生在高粱下部。高粱纹枯病发生时期主要是在抽穗扬花期到灌浆成熟期。

纹枯病的主要症状：受害部位初生水浸状、灰绿色病斑，后变成黄褐色或淡红褐色病斑，中央灰白坏死，边缘颜色较深，呈椭圆形或不规则形。后期病斑互相汇合，导致叶片和叶鞘部分或全部枯死（见图40～图42）。

防治方法：选用抗病品种；高粱收获后及时清除田间植株，深翻土壤；合理密植，采用间（套）作甘薯、大豆等方式可以减少纹枯病发生；对发病田块，用5%井岗霉素、苯醚甲环唑等农药做叶面喷施。

图 40 高粱纹枯病初期

图 41 高粱纹枯病

图 42 高粱炭疽病、纹枯病混合发生

7. 请介绍高粱大斑病的防治方法。

答：高粱大斑病是高粱的主要病害之一，主要危害叶片。病原以菌丝体在高粱植株病残体上越冬；侵染高粱后病部产生分生孢子，随气流传播。在高粱苗期即可发生危害，在成株期病害症状明显。叶片病斑较大，呈长梭形，中央淡褐色，边缘紫红色；发病严重时病斑连接成片，叶片整片枯死，可导致高粱严重减产。

泸州市高粱种植区域在 5 ~ 7 月如遇连续降雨或集中降雨，田间湿度大，气温适宜，则易发病，造成病害流行。高粱连作地、排水不良的低洼地以及田间种植密度大、荫蔽、通风不良的田块，发病重（见图 43）。

图 43　高粱大斑病

防治方法：选用抗病品种；高粱收获后及时清除田间植株，深翻土壤，增施有机肥；对低洼地，要提早在田块四周挖沟（15 ~ 20 厘米深）并连通，以降低田块水位、减少水渍危害；合理密植；在高粱行间套种甘薯等；高粱收获后，在秋季或冬季因地制宜选择种植一季庄稼等。对前一年发病严重的田块，在发病初期及时喷施农药防治，可以选用吡唑醚菌酯、苯醚甲环唑、碳伏（5% 苯醚甲环唑 +15% 咪鲜胺）作叶片喷施，也可以加入爱多收、芸苔素内酯等生长调节剂，实现"一喷多防"的效果。

8. 请介绍高粱红条病毒病的防治方法。

答：高粱红条病毒病是由病毒侵染的病害。近年在泸州市部分高粱基地种植的杂交高粱品种上已有发生。

高粱红条病毒病在高粱整个生育期均可发生，危害叶片、叶鞘、茎秆。在拔节后，由于泸州经常出现高温高湿天气，红条病毒病发生概率较大。

发生特点：植株叶片呈红色（退绿）条点花叶状，并沿叶片叶脉扩展到全叶片，导致未被侵染部分叶色变淡，叶肉逐渐失绿变黄、变红，呈紫红色梭状枯斑，最后呈"红条"状（见图 44 ~ 图 45）。在发生初期可在叶片背部发现聚集的飞虱（白粉虱或灰粉虱）。

图 44　高粱感染红条病毒病叶片　　图 45　高粱感染红条病毒病后籽粒灌浆差

防治方法上，一是选用抗病品种；二是减少侵染源，加强中耕除草和肥水管理，提高植株抗病性；三是合理密植，降低田间隐蔽程度；四是加强叶面喷施农药做预防，可以选用啶虫脒或吡虫啉防治飞虱或蚜虫带毒侵染，加上氨基寡糖素、病毒 A 等农药做叶片喷施。

9. 请介绍高粱地下虫害的防治方法。

答：高粱地下虫害主要有地老虎（土蚕）、蝼蛄、蛴螬、蟋蟀、金针虫等。另外，在土壤较为潮湿、靠近山壁、或靠近有小水沟流过的地块，常有较多蛞蝓（见图 46）。蛞蝓主要损害高粱叶片（见图 47～图 48）。

图 46　蛞蝓

杀灭地下虫害的方法有土壤消杀法、诱饵诱杀法、药剂喷施法、农业防治法、物理灭杀法等。

图 47　蛞蝓危害叶片　　　图 48　蚂蚁、蚜虫、蛞蝓危害高粱叶片

土壤消杀法是用药剂制作毒土，在土壤做深翻时，将制成的毒土撒施在土壤中，利用翻土的过程，使药剂与土壤均匀混合，从而达到杀灭害虫的目的，比如在土壤中混入噻虫嗪颗粒剂等。用含有四聚乙醛成分的农药（一般为颗粒剂）与细土拌匀后，均匀撒施在高粱苗根部附近，可以灭杀蛞蝓。

诱饵诱杀法是将菜叶或鲜草等植物制作成碎块状物，再拌入药剂，撒施在高粱植株附近诱杀害虫的方法。用杀虫单兑拌玉米面（或玉米粉）或麦麸皮，一包杀虫单（20 克）拌 0.25 千克玉米面（或玉米粉）或麦麸皮，再加点白糖、菜油，混匀后撒施在高粱窝附近，诱杀地下害虫效果比较好。

药剂喷施法则是将药剂喷施在高粱叶面或土壤上以杀死害虫的方法。在高粱苗定植后，用 2.5% 溴氰菊酯或氰戊菊酯 3 000 倍液或 5% 高效氯氟氰菊酯 EW 水乳剂 25 克兑水 15 千克，喷施高粱苗根部附近土壤。

农业防治法：有条件的地方，实现水旱轮作；不施用未腐熟的有机肥。

物理灭杀法：在田边安置黑光灯或频振式杀虫灯，可以诱杀蝼蛄、地老虎的成虫。

需要注意：一是在有机高粱种植区域内不能采用化学农药方法杀虫；二是高粱忌用敌百虫、辛硫磷、敌敌畏、石硫合剂、杀螟松、混灭威、杀螟单等农药，在高粱地直接施用或在 500 米以内施用都会引起高粱药害。

10. 请介绍危害高粱的鳞翅目昆虫虫害的防治方法。

答：危害高粱的鳞翅目昆虫很多，如桃蛀螟、粟穗螟、棉铃虫、玉米螟、黏虫等，在高粱的整个生育期都可能受到危害，尤其是在高粱移栽成活后，可咬食高粱的茎秆、叶片等，危害高粱生长。经常有农户反映在高粱心叶里发现有虫，叶片被虫吃了，不知道是什么虫，也不知道用什么农药和方法解决。也有农户反映高粱穗颈处被虫咬断，高粱籽粒不饱满，很多空壳，问是什么原因。还有农户反映高粱成熟时在穗子上发现像虫卵一样的东西，穗子里有虫，籽粒被虫咬坏了，问如何防治（见图49 ~ 图50）。

图49（左）、图50（右）　螟虫咬食高粱叶片

用药剂做叶面喷施防治危害高粱的鳞翅目昆虫虫害的农药很多，如氯虫苯甲酰胺、噻虫嗪等杀虫类农药。如果为预防鳞翅目昆虫危害高粱穗子的籽粒（见图51 ~ 图54），建议在高粱扬花结

图 51 桃蛀螟幼虫咬食高粱籽粒

图 52 高粱穗子里的棉铃虫幼虫

图 53 桃蛀螟幼虫

图 54 桃蛀螟幼虫咬食高粱籽粒

束后，及时选择傍晚时分将兑好的杀虫农药直接喷施高粱穗子（一定注意是在高粱扬花结束后）。如果在高粱抽穗扬花时喷施，喷施的药剂可能对高粱花药、柱头有杀伤作用，不利于提高结实率，影响高粱产量。需要注意的是，常规高粱品种的植株一般都比较高大，高粱扬花结束后喷施农药的田间操作极为不便，要注意把农药喷施在高粱的穗子上才会有好的效果，可以根据情况采用无人机喷施农药。

农药的具体施用量请按照农药的使用说明书施用。

11. 请介绍高粱蚜虫的防治方法。

答：经常有农户反映高粱叶片上长了蚜虫，问如何防治。也有农户问高粱根部经常有蚂蚁做窝，危害高粱根和茎秆，叶片上也经常有蚂蚁，该如何防治？

高粱叶片上的蚜虫，也就是农户说的"天厌"。在高粱的苗期、移栽返青后，或者在抽穗前后都有可能出现蚜虫危害。蚜虫危害高粱植株主要是危害幼嫩叶片组织，以其针刺式口器刺破叶片的叶肉组织，进而吸食植株汁液，同时传播病毒等，造成叶片出现发黄、萎蔫等现象。蚜虫的发生与气温有非常大的关系，气温高，气候干旱，则蚜虫发生危害严重，而且一年之内可以发生多代。需要注意的是，防治蚜虫，必须注意蚜虫与蚂蚁的共生关系，在蚂蚁多的地方，蚜虫也多（见图55）。防治蚜虫，应当考

图55　高粱穗子里的蚂蚁与蚜虫

虑用农药同时把土壤四周的蚂蚁做 1 ~ 2 次的防治，如用吡虫啉 + 高效氯氟氰菊酯兑水后灌蚂蚁巢穴，也可用吡虫啉或者高效氯氟氰菊酯兑水后喷施叶片防治蚜虫。具体用法以农药使用说明书为准。

12. 高粱移栽成活后不久就发生"抽心"现象，是什么原因？

答：移栽后的高粱苗心叶逐渐发黄、枯萎、死亡，农户称之为"抽心"（见图 56 ~ 图 57）。高粱出现"抽心"现象有两种可能，一是高粱芒蝇危害，二是螟虫危害。

图 56（左）、图 57（右）　高粱叶抽心

芒蝇危害：用手将尚未完全枯死的高粱苗的心叶片向上轻拽，可将叶片拉出；在叶片基部可见已经变色、有被咬食状的不规则断口；部分叶片近基部发黑、呈水渍状，有明显臭味（见图 58）。剥开高粱植株茎秆基部检查生长点，生长点处有咬食断口，叶鞘变红色，或有部分茎叶因腐烂发出浓烈的腥臭味，也可以剥出芒蝇的幼虫（见图 59）；根系生长基本正常，但分蘖增多、生长缓慢。

图 58　高粱叶抽心腐臭　　　　图 59　高粱芒蝇幼虫

　　螟虫危害：在高粱苗移栽成活后，从心叶叶片的尖端部分开始枯萎、变色，且逐渐向叶片基部发展，叶片呈扭曲状。用手轻捉已经开始枯萎、变色的叶片，可将受害叶片拉出，其心叶近基部有被咬食的痕迹，有变色或为褐色，但无腥臭味，也可在拽拉出的心叶基部附近发现螟虫的幼虫（见图 60 ~ 图 61 ）。

图 60　高粱叶因螟虫咬食抽心　　图 61　螟虫幼虫咬食高粱心叶

高粱芒蝇的防治方法主要有农业防治、物理防治和化学防治。有机高粱生产区域，建议采用农业和物理防治方法。

一是在上年高粱收获后及时移除高粱残枝，栽种其他农作物，或在冬季栽种三叶草、紫花苜蓿等绿肥作物，实行轮作。二是早春移栽高粱前及早深翻土壤，重施有机肥作底肥，腐熟农家肥每亩不少于1 000千克，持续提升土壤有机质含量。三是适当提早播期（3月上旬），保温育苗，或适当提早移栽时间，如采用漂浮育苗方法，苗龄在15～20天即可带营养土移栽，且返青成活快；在高粱移栽、返青成活后及时防治蚜虫，减少芒蝇的食物来源。四是发现高粱芒蝇危害，及时将病株拔出后带到田外深埋或焚烧等。五是利用芒蝇对腥臭味的趋性，在高粱种植地田边放置装有腐烂鱼虾的容器，加入1%敌百虫药剂浸泡（以不淹没饵料为度），集中诱杀成虫。

在非有机高粱种植区域，除采用前述方法外，还可在幼虫侵入前用20%氰戊菊酯乳油或10%氯氰菊酯乳油等化学药剂做叶面喷施，同时，可添加杀虫剂易可多（有效成分10%吡丙醚乳油）杀死虫卵，并注意喷施高粱地周边杂草，减少寄生成虫滋生数量。

13. 在高粱地里出现许多蝗虫，请问如何防治？

答：蝗虫是一种暴食性害虫，对高粱叶片危害很大。由于高粱对很多含磷的杀虫农药比较敏感，故选择杀虫农药要慎重，否则高粱叶片会变红、变色，甚至枯死。比如敌敌畏和一些含磷的农药辛硫磷等，都不能在高粱上使用。对高粱地里出现的蝗虫，一定要正确选用农药，可以选用阿维菌素＋甲维盐＋氯氰菊酯（或者高效氯氟氰菊酯），按照农药使用说明书，及时做叶面喷施。

六、有机高粱生产技术

1. 什么是有机高粱生产技术?

答:有机高粱生产技术涉及场地环境与生产基地建设、品种选择和育苗技术、种植模式和方式、施肥技术、病虫害防治技术以及收获和加工、储藏、运输和销售等环节。

贵州茅台经过多年研究,提出了一套适合当地生态环境条件的有机高粱生产技术规范,其高粱生产基地在全国首家获得有机生产基地认证。

泸州老窖公司为提升产品核心竞争力,依据酿酒高粱有机原料生产需要,先后制定了《泸州老窖有机高粱生产手册》《泸州老窖有机管理手册》《泸州老窖有机高粱基地管理办法》《基地生产过程跟踪检查管理办法》及《基地高粱生产购销合同书》等质量体系管理文件,以确保高粱基地实现标准化生产,基地建设与管理有据可查、有据可循。其约6万亩高粱生产基地于2008年通过北京中绿华夏有机食品认证中心认证,是国内第一个浓香型白酒原料生产获得有机生产基地认证的企业。"泸州糯红高粱"获得原农业部颁发的农产品地理标志原产地保护登记证书,是泸州市和全国第一个高粱地理标志原产地农产品。

2. 有机高粱生产对施用肥料有什么要求？

答：有机高粱生产过程中严禁施用化学肥料，只能施用符合有机生产要求的腐熟农家肥或商品有机肥等非化学性肥料。施用的商品有机肥应当通过第三方认证机构的认证。农家肥主要有：牛圈肥、猪圈肥、清粪、沼液等。

商品有机肥可以在翻土时施入土中。农家肥可以在翻土前撒施于田间，再深翻入土。清粪或沼液要看移栽时的天气施用，如移栽时气候干旱、土壤湿度小，就要在一周前窝施，亩用量 1 000 千克左右；沼液则要兑水 50% 后施用，防止烧苗。

3. 有机高粱生产中应注意哪些问题？

答： 一是禁止施用人工合成的化学农药和化肥，以及植物生长调节剂、饲料添加剂以及转基因生物制品等；二是在高粱地以外 50 米范围内禁止施用有机磷类农药（特别是敌敌畏）；三是不能用污水等浇灌高粱苗。

4. 什么是有机高粱生产基地缓冲带？

答：有机高粱生产基地缓冲带指在有机生产和常规生产区域之间设置的缓冲区域或物理障碍物，用来避免有机生产受到常规生产的"污染"。缓冲带可以是一片耕地，一条沟或路，一片树林、草地，一堵墙，一个陡坡，只要能起到有效的隔离作用即可。

5. 什么是有机高粱生产的平行生产？

答：在同一生产单元中种植相同品种，存在有机与常规、有机与转换、转换与常规的生产，容易产生禁用物质的污染和产品的混淆。如果在一个地块内存在平行生产，应明确平行生产的动植物品种，并制订和实施平行生产、收获、储藏和运输的计划，具有独立和完整的记录体系，能明确区分有机产品与常规产品。

6. 有机农业生产对种子和种苗选择有什么要求？

答：应当选择有机种子和种苗。当无法获得有机种子和种苗时，可以选择未经禁用物质处理过的常规种子和种苗，但应制订获得有机种子和种苗的计划。在品种的选择中应充分考虑保护作物的遗传多样性，禁止使用经禁用物质和方法处理的种子和种苗。

7. 有机高粱生产中怎样培肥地力？

答：应通过回收、再生和补充土壤有机质和养分来补充因作物生长、收获而从土壤中带走的有机质和土壤养分。保证施用足够数量的有机肥以维持和提高土壤的肥力、营养平衡和土壤生物活性。有机肥应主要来源于本农场或有机农场，遇特殊情况或处于有机转换期或证实有特殊养分时，经认证机构许可同意后可以购入一部分农场外的肥料，外购的商品有机肥应通过有机认证或经认证机构许可。限制使用人粪尿，必须使用时，应当按照相关要求进行充分的腐熟和无害化处理，并不得与作物食用部分接触。常用的土壤培肥措施主要有增施腐熟农家肥，秸秆还田，种植绿肥或豆科作物等。

8. 有机高粱生产中怎样进行虫害防治？

答：有机高粱生产中禁止使用化学农药，在生产过程中，应当采用物理、生物的方法防治虫害。如安装杀虫灯，利用灯光诱杀害虫，机械方法捕捉等。对较大面积发生的虫害，要采用经过认证的生物农药、植物农药进行防治。

七、政策性农业保险

1. 种植高粱面积超过 30 亩，是否可以申请种粮大户补助？

答：国家鼓励发展粮食适度规模经营，对在一个生产季节里一个单独的农业生产经营主体（包括单个农户、家庭农场、农民专业合作社）种植水稻、玉米、马铃薯的种粮大户给予现金补贴。对在一个生产季节里种植粮食作物面积达到 30 亩以上的农业生产经营主体给予种粮补贴，但是高粱尚未纳入国家支持的种粮大户补贴之中。

2. 什么是政策性农业保险？

答：政策性农业保险是国家为了切实增强农业生产抗御自然灾害风险能力，建立农业支持保护体系，有效促进政府转变支农方式的重大举措，也是国家强农惠农重要的民生工程。其特点是：一是国家对特定的农作物、养殖业品种保险采取扶持政策，为农民购买保险补贴大部分保费；二是政策性非常强，是由政府主导，财政、农业、保险等相关部门承担不同职责，共同实施的一项民生工程；三是政策性农业保险不以营利为目的，保险资金接受财政部门监管，盈余逐年滚存，成为巨灾准备金。

3. 如何参加政策性农业保险？

答：目前，经批准开展农业保险的品种有：水稻、水稻制种、玉米、小麦、高粱、马铃薯、油菜、蔬菜、水果、森林、烤烟、育肥猪、能繁母猪、奶牛、肉牛、肉羊、池塘养鱼、林下鸡等。其中高粱、烤烟、蔬菜、肉牛、肉羊、池塘养鱼、林下鸡作为地方特色农业政策保险品种。

4. 种植高粱可以参加政策性农业保险吗？

答：国家实施的农业政策性保险品种目录中没有包含高粱，但是高粱种植纳入了地方特色农业保险。所以种植了高粱的农户可以参加地方特色农业保险。地方特色农业保险也是农业政策性保险的一个范畴。

5. 种植高粱参加政策性农业保险如何缴纳保险费？

答：目前，四川泸州种植高粱每亩保险费是 30 元，其中农户缴纳 7.5 元，政府补贴 22.5 元。

6. 种植高粱参加政策性农业保险的最高赔偿金是多少？

答：高粱每亩最高赔付金额是 500 元。

7. 种植高粱参加政策性农业保险的保险期限是多少？

答：高粱保险期自高粱移栽在本田成活后至收割时止。

8. 哪些情况属于政策性农业保险的赔偿范围？

答：因暴雨、洪水（政府性蓄洪除外）、内涝、风灾、雹灾、冻灾、桃蛀螟、高粱条螟、玉米螟、高粱蚜虫、炭疽病、纹枯病造成高粱损失 30%（含）以上时，保险人按照保险合同的约定负责赔偿。

9. 种植高粱参加政策性农业保险如何申请保险赔付金？

答：参保农作物遭受保险理赔责任范围内的损失后，种植户或村社干部在 24 小时内向所在地承保公司或其在乡镇设立的农险站报案。

高粱发生保险责任范围内的损失，保险公司按照不同生长期的最高赔偿标准、损失率及受损面积计算赔偿：

赔偿金额 = 不同生长期的每亩最高赔偿标准 × 损失率 × 受损面积 ×（1– 绝对免赔率）

高粱不同生长期的最高赔偿标准：

移栽成活—拔节期：500 元 ×40%；

拔节期—抽穗期：500 元 ×70%；

扬花灌浆期—成熟期：500 元 ×100%。

参考文献

[1] 卢庆善 . 高粱学 [M]. 北京：中国农业出版社， 1999.

[2] 崔福春 . 高粱科学种植技术 [M]. 北京：中国社会出版社，2006.

[3] 科学技术部中国农村技术开发中心组 . 有机农业在中国 [M]. 北京：中国农业科学技术出版社，2006.

[4] 刘首成 . 高粱栽培实用技术问答 [M]. 沈阳：辽宁教育出版社，2009.

[5] 邹剑秋，朱凯，王艳秋 . 高粱谷子 100 问 [M]. 北京：中国农业出版社，2009.

[6] 丁国祥，赵甘霖，何希德 . 高粱栽培技术集成与应用 [M]. 北京：中国农业科学技术出版社，2010.

[7] 徐秀德，刘志恒 . 高粱病虫害原色图鉴 [M]. 北京：中国农业科学出版社，2013.

[8] 任健，朱建忠 . 川南浅丘区杂交糯高粱蓄留再生高粱的关键技术 [J]. 西南农业学报，2010（23）：9-14.

[9] 朱建忠，徐超 . 有机高粱生产技术研究进展及应用 [J]. 西南农业学报，2011（24）：97-100.

[10] 任健，朱建忠，宋其龙，等 . 川南浅丘区洋芋杂交高粱再生高粱"旱三熟"高产栽培技术 [J]. 农业科技通讯，2011（03）：168-170.

[11] 朱建忠，魏新琦 . 四川高粱栽培技术研究的回顾与展望 [J]. 西南农业学报，2014（27）：45-48.

[12] 徐超，朱建忠 . 高粱"1525"规范化带状种植技术的研究与应用 [J].

农业科技通讯，2014（10）：183-185.

[13] 魏新琦，朱建忠.泸州酿酒高粱产业的发展成效与主要经验 [J]. 现代化农业，2015（12）：27-29.

[14] 罗莹，朱建忠，宋其龙.高粱漂浮育苗技术应用研究与推广 [J]. 农业科技通讯，2018（02）：181-184.

[15] 朱建忠，罗莹.四川酿酒高粱炭疽病的发生与综合防治对策 [J]. 四川农业科技，2020（03）：44-46.

[16] 朱建忠，苟永涛.四川丘陵山区酿酒高粱免耕直播技术示范成效 [J]. 园艺与种苗，2020（05）：47-48，56.

[17] 朱建忠，宋其龙.四川酿酒高粱产区高粱芒蝇的危害与防治 [J]. 四川农业科技，2021（01）：44-45，57.

[18] 朱建忠.四川酿酒高粱一种新侵染性病害顶腐病的发生与防治策略 [J]. 四川农业科技，2021（02）：36-37.

[19] 朱建忠，傅宏.四川丘陵山区酿酒高粱免耕直播生产技术规程 [J]. 四川农业科技，2022（02）：39-40.